普通高等教育“十四五”规划教材

安全工程专业实验指导书

◆ 主　编　门金龙　熊碧波
◆ 副主编　张孝春　肖　舒
　　　　　亢方超　王泽华　赵　丹

中国石化出版社
·北京·

内 容 提 要

本书面向石化、煤炭、化工等高危行业的安全人才培养需求，系统整合安全工程领域核心实验内容。全书分为安全工程基础实验、虚拟仿真综合实验和综合实验三篇，涵盖化工安全、防火防爆技术、危险化学品安全管理技术、职业卫生等十余门课程实验，旨在通过理论与实践结合，提升学生的工程应用能力、创新能力和团队协作能力。

本书可作为高等院校安全工程专业教学用书，也可作为相关行业科研、培训及工程实践的参考教材，为复合型高级安全工程人才培养提供全面支持。

图书在版编目(CIP)数据

安全工程专业实验指导书 / 门金龙，熊碧波主编；张孝春等副主编. — 北京：中国石化出版社，2025.5.

ISBN 978-7-5114-7878-8

Ⅰ. X93-33

中国国家版本馆 CIP 数据核字第 2025UZ3099 号

中国石化出版社出版发行

地址:北京市东城区安定门外大街 58 号
邮编:100011　电话:(010)57512500
发行部电话:(010)57512575
http://www.sinopec-press.com
E-mail:press@sinopec.com
宝蕾元仁浩(天津)印刷有限公司印刷
全国各地新华书店经销

*

787 毫米×1092 毫米 16 开本 14.5 印张 358 千字
2025 年 5 月第 1 版　2025 年 5 月第 1 次印刷
定价:58.00 元

前言 PREFACE

随着石化、煤炭、化工等高危行业步入园区化、产业化、规模化发展，面对区域性化工企业密集化、设备大型化、关联复杂化的情况，化工聚集区事故灾难威胁日益严重，安全监管与事故应急救援面临巨大压力和新的挑战。为了培养适应新时代需求的复合型高级安全工程专业人才，我们精心编写了《安全工程专业实验指导书》教材，旨在通过系统的实验教学，帮助学生巩固理论知识，提升实践技能，增强工程应用能力和创新能力。

本实验教材共分为三篇：第一篇为安全工程基础实验，涵盖了安全人机工程、燃烧与爆炸基础、环境参数测定、工业通风与除尘、防火防爆技术、电气安全以及安全监控与检测等方面的实验内容；第二篇为虚拟仿真综合实验，利用现代技术手段模拟真实场景，帮助学生更好地理解实验原理和过程；第三篇为综合实验，旨在通过跨课程的综合实验项目，提升学生的综合应用能力和团队协作能力。本教材内容覆盖了安全工程专业必修实验的全部领域，包括化工安全、危险化学品安全管理技术、安全人机工程、防火防爆技术、燃烧与爆炸学、环境安全与职业卫生、通风除尘、机械电气安全、应急管理以及安全检测等十余门课程实验；主要读者对象是高等院校安全工程专业学生、教师，也可作为从事相关专业教学、科研工作等工作者的实验参考用书或培训教材，主要适用于石油化工相关的实验研究、教育培训、人才培养、工程设计等。

本教材编写过程中，参考了大量实验指导书和文献资料，力求做到内容全面、结构清晰、操作简便，以满足广大师生的需求，在此谨向有关作者表示感谢。由于水平有限，加之时间紧张仓促，书中的不当之处恳请各位读者批评指正。

最后，感谢所有参与本教材编写和审稿工作的专家和学者，他们的辛勤付出和宝贵意见为本书的顺利完成提供了有力保障。我们也期待广大读者在使用过程中提出宝贵的意见和建议，以便我们不断完善和更新教材内容。愿本书能够成为广大安全工程领域同人的良师益友，助力他们在未来的学习和工作中取得更加优异的成绩！

目录 CONTENTS

第一篇　安全工程基础实验

第三篇　综合实验

第一篇

安全工程基础实验

“安全工程基础实验”是安全工程本科专业中的关键实践教学环节，紧密结合国家本科专业建设标准和化工安全特色办学要求而设计。本课程旨在通过实验教学，加深学生对安全工程理论知识的理解和应用，培养学生的实践能力和创新精神，特别是在化工安全领域的应用能力。课程内容全面覆盖了安全工程的核心领域，特别强调化工安全特色，包括但不限于安全系统工程、防火防爆技术、工业通风与除尘、安全人机工程、职业卫生、电气安全工程、燃烧与爆炸等。学生将通过一系列设计性、综合性实验项目，独立完成实验流程，从明确实验目的到实验数据记录，再到撰写实验报告，整个过程旨在提升学生的科学实验素养和解决实际化工安全问题的能力。

在实验操作过程中，学生将学习使用各种先进的安全监测和测试仪器，进行精确的数据采集。实验操作强调安全性、准确性和工程实践的结合，学生将在教师的指导下，完成一系列设计性、综合性实验任务，以提高其工程实践能力和创新能力。此外，课程还包括对化工安全领域新经验、新成果和新进展的介绍，以拓宽学生的视野。

通过本课程的学习，学生将能够独立进行化工安全相关的安全工程规划、设计和评估，为未来的工程实践或研究工作打下坚实的基础。“安全工程专业实验”作为连接理论与实践、课堂与现场的桥梁，对于提高学生的实践能力和解决化工安全实际问题的能力具有重要意义。

课程的教学活动要求学生课前预习，明确实验目的，掌握概念与仪器、设备的工作原理；重点掌握实验的方法与技能，掌握实验操作规程和数据采集与分析的理论基础，熟悉相关的理论计算；在实验过程中，应积极听实验指导教师的讲解，主动思考，熟悉测试技术，实验操作积极主动，细致认真，采用实验小组的教学模式，让小组成员以互相协作的方式独立完成实验流程，实验记录完整。每个实验小组须按照如下的实验流程完成实验过程：明确实验目的、确定待测实验参数、拟定实验流程、记录实验数据以及撰写实验报告等。实验后及时提交实验报告。对实验报告的要求，根据每个实验的内容特点及有关要求完成，做到认真规范，内容翔实。通过“安全工程基础实验”课程的学习，学生将获得必要的安全检测与评估、风险控制、应急响应等方面的实践技能，为成为合格的安全工程专业人才奠定坚实的基础。

第一章 安全人机工程实验

安全工程本科专业的安全人机实验部分是该专业实践教学的重要环节，其目的是通过实验教学，使学生能够深刻理解并掌握安全人机工程学的基本概念、基本原理和方法，培养和提高学生分析和解决安全工程领域中人机系统安全问题的实践能力。安全人机工程实验通常包括以下几个方面的内容：

（1）人的基本特性与作业能力分析：通过实验过程，学生可以掌握人体尺寸及其应用，理解人的物理、生理和心理特性在安全人机工程中的应用，了解人体能量及耗氧动态，掌握人体作业能力的动态分析方法；

（2）人的自然倾向与可靠性概论：实验内容可能包括研究人的自然倾向，以及这些倾向如何影响人的行为和操作的可靠性；

（3）机的特性与本质可靠性：在实验过程中，学生将学习机的定义、特点以及机的维护性指标和本质可靠性；

（4）环境特性与作业空间设计：实验将涉及光环境、热环境、声环境、色彩环境等，以及如何进行作业空间设计；

（5）人机界面的安全设计：实验内容包括视觉显示装置、听觉显示装置、控制装置的设计，以及控制装置与显示装置的相合性；

（6）安全人机工程基本理论的应用：实验将通过具体的工程实例，如办公座椅、石化企业头盔等安全人机工程设计，加深学生对安全人机工程理论的理解和应用。

通过安全人机工程实验的学习与实践，学生能够将理论知识与实践相结合，提高解决实际问题的能力，为将来从事安全工程领域的工作打下坚实的基础。

实验一　注意力分配能力测试

一、准备知识与实验目的

（1）注意分配指人在同一时间内把注意指向两种或两种以上的活动或对象的能力。它是人根据当前活动需要主动调整注意指向的一种能力，与注意分散有本质区别。其实现主要取决于是否具有熟练的技能技巧，即同时进行的两种或两种以上的活动中，只能有一种是生疏的、需要加以集中注意的，而其余的动作则必须是相当熟练地处于注意的边缘即可完成的。此外同时进行的几种活动必须是在人的不同加工器内进行信息加工的，否则不可能实现一心二用或多用。

（2）注意分配的水平，依赖于同时进行的几种活动的性质复杂程度和个体熟练程度。通常同时进行的几种活动之间存在着内在联系，处于邻近空间内，复杂程度低，个体熟练程度高时利于注意分配，否则注意难以分配。

（3）测量被试注意分配值的大小，即检验被试同时进行两项工作的能力。利用该仪器也可研究动作、学习的进程和疲劳现象。

二、实验仪器介绍

采用BD-Ⅱ-314型注意分配实验仪和BD-Ⅱ-507型动作判断仪。注意分配实验仪由单片机及有关控制电路、主试面板、被试面板等部分组成。主试面板设有功能选择拨码开关、三位数码显示器、音量调节旋钮等；被试面板设有低音、中音、高音3个反应键，8个发光管和与其对应的8个光反应键。

1. 主试面板说明

（1）电源指示灯(红色)、工作指示灯(绿色)；

（2）启动键——主试开始测试键；

（3）复位键——开机或换新被试时数据清除；

（4）三位数码显示器——显示状态由拨码开关D值决定；

（5）音量控制旋钮——实验前由主试调整合适音量；

（6）三位拨码开关——供主试选择测试时间、实验方式。

2. 被试操作面板说明

（1）3个声信号操作键：听到低音按“低音键”；听到中音按“中音键”；听到高音按“高音键”。

（2）8个光信号操作键：依据红灯亮位置按下对应操作键。

（3）光信号灯：红灯亮为光刺激。

（4）工作指示灯：绿色。灯不亮表示开机复位状态；灯亮表示开始工作；灯闪烁表示规定时间内完成了一项操作；灯灭表示一组实验完成。

（5）启动键：与主试面板一致，为开始测试键。

三、实验步骤

（1）插好～220V 电源插头，开“电源”开关，电源指示灯亮。

（2）检测（试音，试光）：主试设工作方式 $W=6$，按复位键后，让被试分别按压 3 个声音按键，细心辨别 3 种不同音调并记牢；分别按压 8 个光按键，对应发光二极管亮；按启动键，操作指示灯亮。则表示仪器正常，可进行测试实验。

（3）主试用拨码开关设置测试时间，如 $T=1$（1min）；设置工作方式 $W=2$（三声）。按复位键，置仪器为初始状态。被试按启动键，工作指示灯亮，测试开始，被试用左手无名指、食指和中指分别对高、中、低三音尽快正确反应。

（4）设置工作方式 $W=3$（光反应）。被试按启动键，工作指示灯亮，测试开始。被试用右手食指尽快按压与所亮发光管相对应的按键，无发光管亮，且工作指示灯闪烁，表示测试时间到。

（5）主试设置工作方式 $W=5$（三声+光）。被试按启动键，工作指示灯亮，测试开始。被试应用左、右手分别对声、光两种刺激尽快地作出正确反应。

（6）对新被试测试时主试应按下复位键，重复上述实验过程。

（7）实验数据计入表 1.1.1 中，并计算 Q 值。

$$Q=\sqrt{\frac{S_2F_2}{S_1F_1}}$$

式中 S_1——被试对单独声刺激的反应次数；

S_2——声、光两种刺激同时出现时被试对声刺激的反应次数；

F_1——被试对单独光刺激的反应次数；

F_2——声光两种刺激同时出现时被试对光刺激的反应次数；

Q 值的判定：$Q<0.5$ 没有注意分配值；Q 介于 0.5～1 有注意分配值；$Q>1$ 注意分配值无效。

四、实验数据记录与结果处理

注意力分配能力测试记录与结果处理见表 1.1.1。

表 1.1.1　注意力分配能力测试记录与结果处理

<table>
<tr><th rowspan="2">被试</th><th rowspan="2">实验方式</th><th colspan="2">三声</th><th colspan="2">光</th><th rowspan="2">Q 值</th></tr>
<tr><th>正确</th><th>错误</th><th>正确</th><th>错误</th></tr>
<tr><td>甲</td><td>2</td><td></td><td></td><td>—</td><td>—</td><td rowspan="3"></td></tr>
<tr><td>甲</td><td>3</td><td>—</td><td>—</td><td></td><td></td></tr>
<tr><td>甲</td><td>5</td><td></td><td></td><td></td><td></td></tr>
<tr><td>乙</td><td>2</td><td></td><td></td><td>—</td><td>—</td><td rowspan="3"></td></tr>
<tr><td>乙</td><td>3</td><td>—</td><td>—</td><td></td><td></td></tr>
<tr><td>乙</td><td>5</td><td></td><td></td><td></td><td></td></tr>
</table>

五、思考题

(1) 被试多次测试，Q 值有所提高，这说明注意分配能力是可以培养或训练的。这种说法正确吗？为什么？

(2)“一心不能二用”的说法和注意分配是否矛盾，谈谈你的看法。

(3) 列举一些对注意分配能力要求较高的职业。

实验二　皮肤电测试实验

一、实验目的

（1）了解情绪变化与皮肤电变化之间的关系；

（2）观察不同情绪状态下（被试主观认定某扑克牌、做简单和较复杂数学题）皮肤电反应的变化。

二、实验原理

人的情绪变化总是伴随着一系列生理变化，如呼吸、血压、脉搏、血管容积和腺体分泌等。皮肤电传导的变化与汗液分泌相关，而汗腺活动又受到中枢神经系统和交感神经系统的调节和控制。因此皮肤电反应间接地反映了神经系统的活动状态。许多心理现象与皮肤电水平有密切关系。人在情绪状态时，皮肤内血管的舒张和收缩以及汗腺分泌等的变化，能引起皮肤电阻的变化。例如，当你感到镇定和放松时，皮肤电阻会增大（电流减小）；而当你紧张、兴奋、心烦意乱时皮肤电阻会降低，使电流计指针发生偏转。这种由刺激引起的心理兴奋或抑制产生的皮肤电传导变化的现象称为皮肤电反射，简称 GSR。皮肤电传导的变化受刺激强度、工作进程、工作性质、适应水平、情绪强度等因素的影响。因此。它可以用来评价情绪唤醒水平并用作某些心理活动的指标。皮肤电测试仪就是以此来测定植物性神经系统情绪反应的。本仪器只能作定性测试，即比较相对电流的大小，而不能区分情绪变化的性质（喜、怒、哀、乐）。此外，引起皮肤电变化的因素还有很多，并不一定是情绪状态的变化引起的。因此，皮肤电反应只能作为情绪反应的参考指标，必须与其他指标结合使用，才能发挥它应有的作用。

三、实验仪器

常用的实验仪器，如图 1.1.1 所示。

主要技术指标：

（1）液晶显示皮肤电的实时变化，显示图形与数值。液晶尺寸：单色，65mm×36mm，128×64 点阵。

（2）实时采样周期：1s，实时显示实验时间。

（3）显示：120s 内的皮肤电变化图形。

（4）测量范围：皮肤电示意值 0~999，相应皮肤电阻 2kΩ~2MΩ。当调零电位固定时，皮肤电示意值与皮肤电阻呈线性。

（5）随机配 200g 医用导电膏（液）。

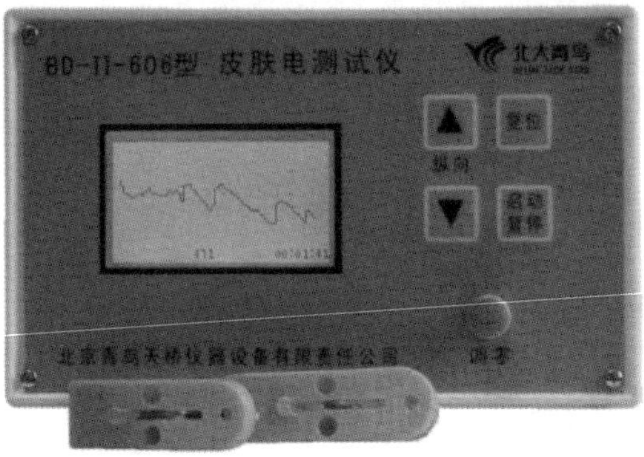

图 1.1.1　BD-Ⅱ-606 型皮肤电测试仪

（6）仪器尺寸：180mm×120mm×130mm。

（7）电源：AC220V，50Hz。

四、实验步骤

（1）首先打开皮肤电测试仪电源。在探头极片上涂少量导电膏，主试将 2 只极片分别固定在被试非优势手的 2 根手指上，手(指)心面对金属片，指甲朝塑料面。

（2）调节旋转调零电位器，使电流表指示值归零(或接近)。如果发现指针晃动厉害，可以调节灵敏度旋钮，使之较稳定(在零刻度左右)。如果发现指针不晃动也要调节灵敏度旋钮，使电流表指针偏离程度合适。

（3）指导语。

下面首先请你认定一张扑克牌，并要记牢。然后，我会逐一呈现这些扑克牌。你每次看到后要回答“是”或“不是”。其间要不断回忆自己认定的某张扑克牌，以防遗忘。直至主试认为已找出你认定的某张扑克牌为止。

（4）实验正式开始，主试请被试看扑克牌 10 张，并要求被试在心中认定某一张(记牢)。主试在确认被试认定这一张后，主试随机呈现给被试 10 张扑克牌(要求被试集中精力看呈现的扑克牌，并回答是或否。当然被试回答什么是无所谓的)，同时注意观察比较各扑克牌呈现时指针的变化幅度。其间要求被试不断回忆自己认定的某张扑克牌，以防遗忘(会有发生)。两轮呈现后，应该排除掉一半，然后再对余下的反复呈现，并比较分析指针的变化情况(淘汰的扑克牌还可以作为无关刺激呈现)，找出被试认定的一张。

（5）计算数学题实验。其他步骤同前，观察被试做简单数学题和较复杂数学题时，皮肤电(指针)变化的情况。

五、结果

（1）根据指针变化的情况，分析并找出被试心中认定的某张扑克牌。

（2）观察被试在解简单数学题与复杂数学题时皮肤电(指针)变化情况。

六、思考题

（1）分析讨论你是怎样从被试的皮肤电变化中(指针幅度)找出被试心里想的那张扑克牌的，如果找不出，在实验中有何改进之处。

（2）分析被试解答不同难度数学题时的皮肤电反应(指针幅度)有何区别。

（3）根据测试过程中被试的情绪变化状况，结合指针偏离情况进行分析。

（4）根据前人的研究理论及皮肤电反应机理，试说明皮肤电反应仪能否用来作生物反馈训练？如果可以又如何进行？

七、实验报告要求

（1）书写工整，内容完整。

（2）实验结果处理要写明处理过程及方法。

实验三　速度知觉实验

一、实验目的

(1) 了解快速和慢速知觉阈限的差别，学会测定人的速度知觉阈限；

(2) 探究距离对速度知觉的影响。

二、实验原理

速度知觉是运动知觉的一种，指估计物体运动速度的能力，与时间知觉也有一定关系，对人的实践活动具有重要意义。速度知觉的准确性可以作为职业测评的一个指标。

运动员对自己身体和位移在时间上的反应，是短跑运动员的重要心理特征，它是运动员准确估计自己的跑速、合理和正确地分配力量所必须具备的心理素质。

三、实验设备

实验设备如图 1.1.2 所示。

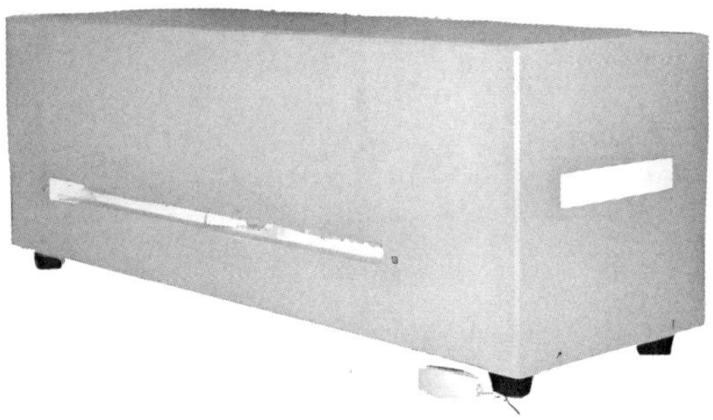

图 1.1.2　BD-Ⅱ-104 型深度知觉仪

主要技术指标：

(1) 七根垂直的竖棒，位于两侧固定的六根为标准刺激，位于中间可前后移动的一根为变异刺激。

(2) 一台可驱动中间竖棒的电机。

(3) 一个操作竖棒移动的手键，手键上有“前进”“后退”两个按键。

(4) 变异刺激的移动速度为25mm/s、50mm/s，快速、慢速二档，移动范围为±200mm，准确度为 1mm。

(5) 标准刺激标尺位置：0、前 100mm、后 100mm。

(6) 变异刺激与标准刺激的横向距离：45mm。

(7) 观察窗尺寸：110mm×20mm。

(8) 荧光灯：1 支，12W。

(9) 外形尺寸：605mm×200mm×220mm。

四、实验步骤

(1) 将电源线连接到 200V 交流电上。

(2) 将反应键的插头接到知觉箱的插座上。

(3) 打开电源。

(4) 速度选择开关，有快、慢二档供主试选择(慢，4s±0. 5s；快，2s±0. 5s)。

(5) 位置选择开关有近、远二档挡板与开关选择同步移动供主试选择。

(6) 主试按启动按钮，灯光自右向左移动。

(7) 被试按下反应键后，计时器显示出结果。

(8) 主试按复位键，为下次操作做准备。

注：本实验共有四种条件，2(快速/慢速)×2(远/近)= 4(远快、近快、远慢、近慢)。用 ABBA 法，被挡距离远时，先在快速运动条件下速度估计 10 次，再在慢速条件下速度估计 20 次，最后再在快速条件下速度估计 10 次，共 40 次；被挡住距离近时，重复距离远的速度估计 40 次。整个实验共计 80 次。每 10 次实验休息 2min。

记录每次实验结果，记录显示屏呈现的误差值(仪器上显示负值说明被试滞后反应；正值表示被试提前反应)。实验过程中，主试不将实验结果告诉被试。

五、测试内容

1. 演示

(1) 被试坐在仪器正前方，眼睛平视右面的光点，注意前面光点的变化。

(2) 主试按下仪器操作面板左下方按键，使仪器工作在演示状态。

(3) 启动键，灯光自右向左移动，并告诉被试："要仔细观察光点移动速度，当光点进入挡板，则灯光立刻被挡住，其移动速度仍按原速度移动到外面标志的终点位置灯亮停止。"

(4) 主试可以通过快、慢、远、近几种不同组成一一演示，让被试加深理解。

2. 实验

(1) 主试按演示开关使其弹出呈实验状态。

(2) 主试按下启动按钮，灯光自右向左移动，当灯光进入挡板时，灯光立刻被挡住了，被试应假设灯光以原速度仍在挡板后面移动，进行设想，当灯光正好到终点位置(此灯又会亮)时，用右手按下反应键。

(3) 当被试按下反应键后，计时器显示正值，说明被试提前反应，提前量为显示数；若出现负值，则说明被试滞后反应。

六、注意事项

(1) 测试室布置稍暗。

(2) 因为单个做实验，除主试外其他人不得入内。

(3) 将知觉箱放在实验桌一端，被试坐在距仪器 1.2m 处，面向知觉箱正面，左手拿反应键，准备好。

(4) 在演示时，被试眼睛应仔细地盯着移动的灯光并追随灯光一道以同样的速度在挡板后面移动，直至终点，原则上练习两次，不理解的人稍稍增加也可以。

七、数据处理

1. 速度对速度知觉阈限的影响

通过分析发现，速度对速度知觉阈限有主效应。如表 1.1.2 所示，速度提高会增大被试的速度知觉阈限。

表 1.1.2　快速慢速条件下的速度知觉阈限分析

类别/数值	平均数	标准差
快速		
慢速		

2. 挡板距离对速度知觉阈限的影响

通过分析发现，挡板距离对速度知觉阈限没有主效应。如表 1.1.3 所示，快速时，距离减小会增大被试的速度知觉阈限；慢速时，距离减小会减小被试的速度知觉阈限。

表 1.1.3　远近距离条件下的速度知觉阈限分析

类别/数值	平均数	标准差
远		
近		

3. 速度与挡板距离对速度知觉阈限的影响

通过分析发现，速度与挡板距离之间存在交互作用。如表 1.1.4 所示，快速时，挡板距离远时的速度知觉阈限更小；慢速时，挡板距离近时的速度知觉阈限更小。

表 1.1.4　被试速度知觉阈限的平均值　(s)

类别/数值	远快	远慢	近慢	近快
阈值				

八、思考题

分析速度与距离对速度知觉阈限的影响。

九、实验报告要求

(1) 书写工整，内容完整。

(2) 实验结果处理要写明处理过程及方法。

实验四　视觉反应时实验

一、实验目的

通过刺激概率、数奇偶不同排列、“刺激对”异同及时间间隔、信息量和数量多少排列五个小实验，加深对反应时概念的具体认知，比较不同颜色对反应时的影响，比较简单反应时与选择反应时的差异，寻找影响反应时、选择反应时的因素。

二、实验原理

在许多情况下，系统呈现一个刺激，要求操作者根据刺激的信息内容作出相应反应。一般将外界刺激出现到操作者根据刺激信息完成反应之间的时间间隔称为反应时。

反应时是安全人机工程学在研究和应用中经常使用的一种重要的心理特征指标。人的信息处理过程，大部分活动是在体内潜伏进行的，难以对信息接受、加工和传递各个阶段精确地进行实验测定。因此，在实践中往往利用反应时指标来近似说明人对信息处理过程的效率及影响因素。利用反应时可以分析人的感知觉、注意、识别、学习、唤醒水平、动作反应、定向运动、信号刺激量等，在此基础上，实现提高作业效率、监视水平和集中注意力等目的，合理制定作业标准，改进人机界面，改善作业条件和环境等。

三、实验仪器

实验仪器如图 1.1.3 所示。

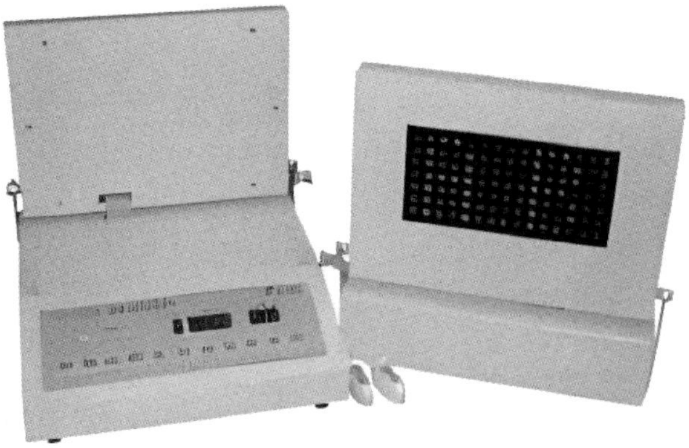

图 1.1.3　BD-Ⅱ-511 型视觉反应时测试仪

BD-Ⅱ-511 型视觉反应时测试仪由单片机及有关控制电路、主试面板、被试面板等部分组成。

四、实验内容

1. 刺激概率对反应时的影响

红、绿、黄三种色光分别作为刺激，每次实验选用一种色光刺激，仪器根据设定的组别，自动确定该组实验中“红”“绿”“黄”三种色光应出现的次数。按“红”“绿”“黄”三种色光出现次数的不同比例（概率）共分四组实验，即“概率 1（组别为 1）”“概率 2（组别为 2）”“概率 3（组别为 3）”“概率 4（组别为 4）”。

回答可选用任一反应键。测试进行时，控制面板上显示实验次数，每完成一次，实验次数递减。每组实验完后，将自动反复显示本组实验中红、绿、黄三种色光的各自平均简单反应时及实验次数。“刺激色光”指示灯的颜色，代表该次测试的刺激光色。

2. 数奇偶不同排列特征对反应时的影响

根据数排列特征不同分成三组实验（“行和奇、偶”：光点横向整齐排列——组别 1；“列和奇、偶”：光点竖向整齐排列——组别 2；“随机奇偶”：光点随机排列——组别 3）。

实验用红色光刺激，测试开始后，刺激光在显示屏两侧 5×5 点阵区内显示，被试判别所显示的行（或列）是偶数还是奇数，用反应键回答。如为奇数，按“左”键；为偶数，按“右”键。测试进行时，控制面板上显示实验次数，每完成一次，实验次数递减。每组测试结束，仪器自动显示正确回答的平均选择反应时及错误回答次数。

3. 数量多少与排列特征对反应时的影响

根据数排列特征不同分三组实验（“行数多少”：点横向整齐排列——组别 1；“列数多少”：点竖向整齐排列——组别 2；“行列随机多少”：点随机排列——组别 3）。

实验用红色光刺激，测试开始后，刺激光在显示屏两侧 5×5 点阵区内显示，被试判别左右屏所显示的行（或列）哪边更多，如左边刺激点多，按“左”键；右边多，按“右”键。测试进行时，控制面板上显示实验次数，每完成一次，实验次数递减。实验结束，仪器自动显示正确回答的平均选择反应时及错误回答次数。

4. 信息量对反应时的影响

根据刺激信息方式不同分三组实验。

信息量 1：在显示屏中间随机显示红或绿“大”正方形——组别 1。实验要求被试只对“红大正方形”反应，而对“绿大正方形”不反应。

信息量 2：在显示屏中间随机显示红或绿“大”正方形以及红或绿“小”正方形——组别 2。实验要求被试对“红大正方形或绿小正方形”反应，而对“绿大正方形或红小正方形”不反应。

信息量 3：在显示屏左右两边随机显示红或绿“大”正方形以及红或绿“小”正方形——组别 3。实验要求被试进行反应的是“左侧呈现红色大正方形，右侧呈现红色小正方形”或者“左侧呈现绿色小正方形，右侧呈现绿色大正方形”，而对于“左侧呈现红色小正方形，右侧呈现红色大正方形”或者“左侧呈现绿色大正方形，右侧呈现绿色小正方形”不反应。

实验测定的是辨别反应时，刺激呈现后做辨别反应的称为正刺激，不做反应的称为负刺激。实验用红、绿色光刺激，被试判别刺激是“正刺激”还是“负刺激”，如果是正刺激，回答可选用左右任一反应手键。出现负刺激不回答。测试进行时，控制面板上显示实验次数，每完成一次，实验次数递减。实验结束，仪器自动显示正确回答的平均辨别反应时间及错误回答次数。

5.“刺激对”异同及时间间隔对反应时的影响

本实验采用4对字母刺激“AA”“Aa”“AB”“Ab”，根据每对两个字母呈现时间的不同分为四组实验：

时距1：两字母同时呈现——组别1；

时距2：两字母呈现时间间隔为0.5s，第一个字母呈现2s后消失，隔0.5s呈现第二个字母——组别2；

时距3：两字母呈现时间间隔为1s，第一个字母呈现2s后消失，隔1s呈现第二个字母——组别3；

时距4：两字母呈现时间间隔为2s，第一个字母呈现2s后消失，隔2s呈现第二个字母——组别4。

实验用红色光刺激，刺激在显示屏左、右两侧呈现。被试依呈现内容，用反应手键回答。呈现“AA”“Aa”，按“左”键；呈现“AB”“Ab”，按“右”键。测试进行时，控制面板上显示实验次数，每完成一次，实验次数递减。实验结束，仪器自动显示正确回答的平均选择反应时间及错误回答次数。

五、实验步骤

(1) 打开电源开关，接通电源。

(2) 自检：用此功能检查仪器好坏。按“自检”键，矩阵灯依次点亮，可以检测仪器工作是否正常，自检完毕后，回到默认状态。

(3) 选择实验类型及组别：按“设置”键，实验设置闪烁，根据实验需要选定测试组别，按“位选”键，切换到要调整的位(个位、十位)，按“调整”键，调整位数。

(4) 选择实验次数：实验次数范围为10次。按“选次”键，次数百位数码管闪，按“+”键调百位数；再按“选次”键，次数十位数码管闪，按“+”键调十位数；再按“选次”键，次数个位数码管闪，按“+”键调个位数。

(5) 按“启动”键开始实验。在实验正式开始之前，主试必须向被试说明实验内容与要求，反应的判别方式。被试面对显示屏，左手握“左”回答手键，右手握“右”回答手键，做好回答准备。实验开始后，被试注视显示屏，按要求进行回答，在回答正确的前提下，回答越快越好。回答正确，显示器自动显示每次回答的反应时间；回答错误，蜂鸣声响提示，记录一次错误次数。实验结束，蜂鸣长声响，显示该组实验结果。

（6）一组实验结束后，换新的被试，若实验内容不变，主试只需按下“启动”键，测试重新开始。如更换实验内容，请按“复位”键后，重新设定实验参数。

六、实验数据处理及分析

刺激概率对反应时的影响见表 1.1.5。

表 1.1.5　刺激概率对反应时的影响(简单反应)

组别	总平均反应时/s	红色		黄色		绿色		测量次数/次
		出现次数/次	反应时/s	出现次数/次	反应时/s	出现次数/次	反应时/s	
组别 1								
组别 2								
组别 3								
组别 4								
平均								

不同测试项目对出错率及反应时的影响见表 1.1.6。

表 1.1.6　不同测试项目对出错率及反应时的影响(选择反应)

测试项目	组别序列	出错次数/次	平均反应时/s
数奇偶不同排列			
数量多少与排列			
信息量			
“刺激对”异同及时间间隔			

注：表中所有反应时数据均为测试 20 次所得的平均值。

七、思考题

(1) 影响视觉反应时的因素有哪些?

(2) 实验误差主要来源于哪里?

八、实验报告要求

(1) 书写工整，内容完整。

(2) 详细记录实验数据，进行对比分析，根据所学理论知识展开讨论。

实验五　记忆广度实验

一、实验目的

(1) 通过实验可以测量出被试的短时记忆容量，即被试能够正确回忆的最大信息单元数，这有助于了解人的认知能力；

(2) 实验可揭示记忆广度影响因素，如信息的呈现方式(视觉或听觉)、信息类型(数字、字母、单词等)以及个体差异等；

(3) 通过实验比较不同被试的记忆广度，评估个体间在短时记忆能力上的差异；

(4) 实验有助于理解记忆广度与工作记忆容量之间的关系，工作记忆是人们在进行认知任务时暂时存储和操作信息的能力；

(5) 实验有助于研究记忆的编码、存储和提取机制，了解记忆广度有助于教育工作者设计更有效的教学和培训方法。

二、实验原理

记忆广度指的是按固定顺序逐一地呈现一系列刺激以后刚刚能够立刻正确再现的刺激系列的长度。其呈现的各刺激之间的时间间隔必须相等，再现的结果必须符合用来呈现的顺序才算正确。记忆广度是测定短时记忆能力的一种简单易行的方法。通过对少数被试记忆广度的实验，使用数字作为记忆材料，了解短时记忆的特点，学习计算记忆广度的方法。本实验做出以下假设：不同位数的刺激之间的记忆广度有显著性差异，随着位数的增加，记忆广度开始下降。计算记忆广度：$F=2.0+0.25Xn$(F 是被试得分，n 为正确回答次数)。

三、实验仪器

实验仪器如图 1.1.4 所示。

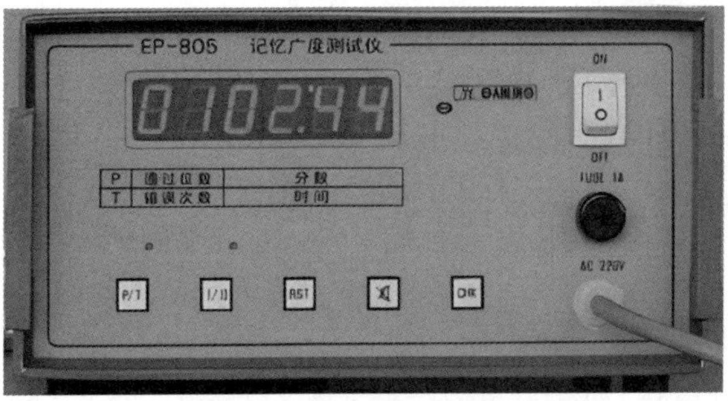

图 1.1.4　记忆广度测试仪

（1）功能特点。

仪器可实现两套从3~16位的数字编码显示，称为码1和码11。每套编码中相同位数的4个数组为一位组，14个位组为一套编码。数字从0~9随机组合。

（2）仪器组成。

仪器由控制器、主试面板、被试面板、键盘等部分组成。微电脑(单片机)组成控时器。被试面板装有一位大数码管显示材料，键盘输入回答信息，主面板装有六位数码管实时显示计错、计分、计位、计时。

（3）技术指标。

显示时间：0.75s/字；

计时范围：0~99.99；

电源：AC220V±10V，50Hz。

四、实验步骤

（1）将键盘的插头与仪器被试面板上的插座连接好，接通电源。

（2）按下复位键(RST)，由程序将码1灯与计分灯点亮，再按P/T键确认“P灯”数码管显示为0202：00，表示基础位长=2，基础分02.00分；“T灯”数码管显示为0000：00。表示出错次数与时间。其内容如下：

①编码键(1/11)；②显示键(P/T)；③码1灯亮表示记忆材料选编码1，计时灯亮表示六位数码管显示计时和计错。

（3）被试按下键盒上的回车键(ENTER)，仪器自动提取一个三数组。被试在见到回答亮(绿灯)及听到一声短蜂鸣后，用键盘按顺序回答记忆的数字，回答正确，回答灯灭，加0.25分，被试再按回车键，仪器接着提取下一组以供再次回答。如一个位组中的4个数组有一个答对，则认为通过了该位组，通过次数加一；如回答错误，仪器答错灯亮及蜂鸣器响，再按回车键，提取下一组数码以供测试，如此循环，直到仪器停机长蜂鸣，测试结束。

（4）主试按下“停蜂鸣”键，改变显示键状态，记录被试测试成绩。

（5）如重新测试，只要按下复位键(RST)后，再按回车键即可。

（6）在测试过程中可随时更改码1和码11。

（7）按检测键(CHK)，数码管轮流显示各段笔画。

五、数据处理

不同被试记忆广度得分，见表1.1.7、表1.1.8。

表 1.1.7　被试 1 记忆广度

位数	错误次数/次
3	
4	
5	
6	
7	
8	
9	
10	
总计	
F 值	

表 1.1.8　被试 2 记忆广度

位数	错误次数/次
3	
4	
5	
6	
7	
8	
9	
10	
总计	
F 值	

六、讨论

(1) 根据本实验显示，影响记忆广度的主要因素是什么？

(2) 结果误差及其原因。

在实验过程中，周围环境对实验结果影响很大，根据相关文献描述，在短时记忆广度范围内，只要记忆项目保持在头脑中，不管持续的时间有多长，只要中间没有其他内容的干扰，就不会影响短时记忆的提取成绩。实验时不仅周围环境要保持无干扰状态，被试自身也要注意力十分集中，如果被试处于疲劳状态或情绪不稳定，会对实验结果造成较大影响。另外，短时记忆可能还会受到长时记忆的影响，在实验中出现的某一组数很有可能恰好是被试所熟悉的数字，有可能和被试的电话号码有一致的数字内容，如果出现类似的情形，实验结果可能会出现极端值。

实验六　瞬时记忆实验

一、实验目的

(1) 通过实验学生可以了解瞬时记忆的持续时间、容量以及影响瞬时记忆的因素，理解瞬时记忆的特性；

(2) 实验可帮助学生分析瞬时记忆在人机交互中的作用和重要性，分析瞬时记忆与安全人机系统的关系；

(3) 通过测量不同个体的瞬时记忆能力，可以评估出在安全人机系统中可能存在的个体差异，进而对系统设计提出个性化的要求；

(4) 实验可探索通过训练或其他手段提高瞬时记忆能力的方法，其对于提升人机系统的整体效能和安全性有重要意义；

(5) 实验结果可以为设计更加符合人的认知特性的人机交互界面提供科学依据，从而提高系统的可用性和安全性。

二、实验原理

瞬时记忆是指个体接触刺激对象而产生感觉经验后，保留短暂时间能力的一种心理品质。这种处于未经加工的第一阶段记忆模式若不予注意，存储的信息量将很快丧失，但瞬时记忆可有助于信息的积累，为感知事物的连续性提供了可能性。

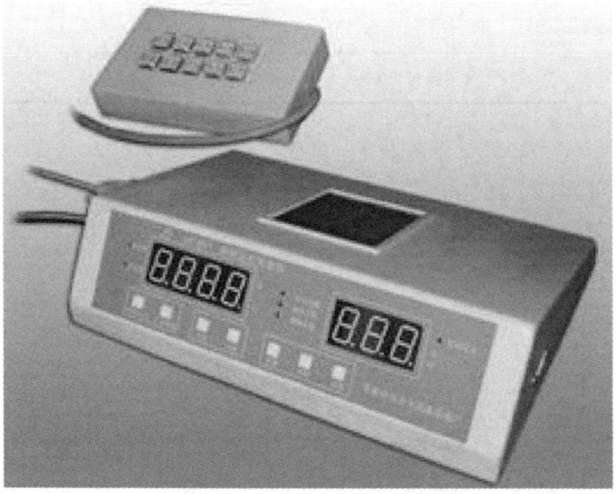

图 1.1.5　记忆实验仪

瞬时记忆实验仪(图 1.1.5)采用部分报告法和全部报告法测试被试的记忆效果。仪器同时呈现一组随机数字或字母，在部分报告法实验中，要求被试再现当时指定的一部分，再由这一部分的保存量估计获得信息的总量；在全部报告法实验中，要求被试再现记过的全部材料，根据回忆正确的数量确定保存量。

主要技术指标：

(1) 刺激方式：数字字母 4×3 数码管随机呈现；

(2) 标准刺激时间：0.01~9.99s；

(3) 应答键：10 个(数字或字母键)；

(4) 功能：设有部分报告法实验、全部报告法实验及自检功能。

三、实验步骤

（1）将应答键盘输出线缆插入主机“键盘输入”中，接通电源。

（2）打开电源开关，主试根据测试类型 A/B（A：全部报告法，B：部分报告法）设定上、中、下三行数码管的 12 位字母或数字，以及实验次数和刺激时间（设置的默认值为刺激时间 3s，实验次数 5 次，测试类型为 A）。

（3）主试按“自检”键，检测仪器工作是否正常，检测后重新设置新参数。注意实验进行中不能自检。

（4）按“开始”键开始实验：①部分报告法（B）：上、中、下三行数码管全部随机显示数字或字母，被试从左至右输入显示“　”的 4 位内容，相应地按键 4 次输入（输入后不得修改）；②全部报告法（A）：上、中、下三行数码管全部随机显示，被试按照上、中、下的顺序，从左至右按键 12 次输入全部的 12 位的内容（输入后不得修改）。

（5）根据设置要求的刺激时间和实验次数重复以上步骤。

（6）实验结束，主试面板将显示记忆正确位数及正确率的百分比。

（7）如需重新测试，主试可按“开始”键，按先前设置好的参数运行，也可按“设置”键，重新设置参数后按“开始”键进行。

四、数据处理

（1）本组人员瞬时记忆正确位数及正确率百分比。

（2）平均瞬时记忆正确位数及正确率百分比。

（3）全部报告法上、中、下三行的保存量百分数分别是多少？

（4）部分报告法与全部报告法信息保存量分别是多少，有什么异同？

五、讨论

（1）根据本实验显示，影响瞬时记忆的主要因素是什么？

（2）分析结果误差及其原因。

实验七　彩色分辨视野实验

一、实验目的

(1) 通过实验可以测量被试对不同颜色(如红、黄、绿、蓝及白色)的分辨能力；

(2) 实验有助于确定人眼在不同颜色刺激下的视野范围，了解颜色对人的视野范围的影响；

(3) 实验可以揭示颜色视觉在不同视野角度下的特性，比如不同颜色对人眼的刺激不同，导致视野大小的差异；

(4) 通过比较不同被试的实验结果，可以评估个体间在颜色分辨能力上的差异。

二、实验原理

彩色视野是指个体对各目标色彩及其大小在视网膜上的颜色区。

人眼视网膜的不同部位对色彩有着不同的感受性，黄斑处的感受力最强，离开黄斑愈远感受能力愈低，所以就存在着一个视野问题。同时，在相同的外界条件下，通常白色(或灰色)视野最大，黄色、蓝色次之，红色再下，绿色最小。人眼的视野除色彩外还随刺激对象的明度、大小、背景以及适应性条件等因素而改变。

三、实验仪器

BD-Ⅱ-108 型彩色分辨视野计如图 1.1.6 所示。

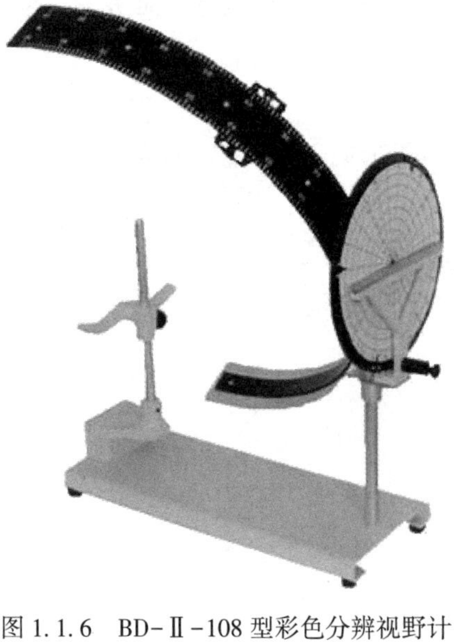

图 1.1.6　BD-Ⅱ-108 型彩色分辨视野计

记录圆盘：ϕ200mm，滑板 75mm×30mm。

视野图纸：ϕ190mm，9 个圆周的极坐标纸 10 张。

四、使用说明

（1）拔去视野图轴心指针，将测试右眼用的视野图按水平（或垂直）刻线位正确安放在视野记录圆盘上，用夹子定位后，对准半圆弧中线垂线套上指针（记录时与被测反应的左右方位相反）。

（2）调节托架与弧环距离使其靠近弧环边缘而不与其碰触，被试按要求坐在视野计前，下巴放到平台托架上，用调节螺栓调节平台高度，闭上左眼使右眼能正视半圆弧环中心的黄色标志的注视圆点上（测试过程中不可转动眼球）。

（3）主试将弧环放在 0～180°的水平位上，选一红色插件插入滑板芯柱之内，移动滑板，使红色视点放在被试左边靠近注视点处，然后将红色视点由内向外缓慢移动，直至被试不能看见红色时为止，主试将该试点的刻度用笔标记在视野记录图纸上；再把红色视点由外向内移动，到被试恰能见到红色为止，用相同的方法标记在图纸上［注：作为视点的插件（共 25 种）大小和色彩可按主试要求任选］。

（4）重复步骤 3，将红色视点放在被试右边再进行实验（注：当色刺激从内向外或从外向内移动过程中会产生红色突然消失和再现的现象，该消失位置即为盲点）。

（5）将弧环依次放在 90°～270°、45°～225°、135°～315°或更多位置上，重复以上测试视野的步骤（每做完一个位置休息 2min）。

（6）分别测定黄、绿、蓝、白各色的视野范围，用相应色笔将被试的反应一一标记在同一视野图上。

（7）左眼测试过程可按上述步骤重复进行。

（8）在左右眼的视野范围图纸上，将同色调各点顺次连接。

五、实验步骤

（1）把视野图纸安放在视野计背面圆盘上，学习在图纸上做记录的方法（记录时与被试反应的左右方位相反，上下方位颠倒）。

（2）主试选择某一种大小及颜色（如红色）的刺激。

（3）让被试坐在视野计前。被试戴上遮眼罩把左眼遮起来，下巴放在仪器的支架上，用右眼注视正前方的注视点，一定不要转动眼睛。同时用余光注意仪器的半圆弧。如果看到弧上有红色的圆点，或者原来看到了红色后来又消失了，要求立即报告出来。在红点消失前，觉得颜色的色调有任何变化，也要及时报告。

（4）主试将视野计的分度销拔出，转动圆盘，将弧放到 0～180°的位置上。然后将销插入相应角度位置的孔中，固定圆盘。把弧上滑轮放在被试左边的半个弧靠近中心注视点处，并移动滑轮将红色刺激由内向外慢慢移动，直到被试看不见红色时为止，把这时红色刺激所在的位置用笔记录在视野图纸的相应位置上。然后再把红色刺激从最外向中心注视点移动，到被试报告刚刚看到红色时为止，用同样方法做记录。

(5) 再按同样的程序，用红色刺激在被试右边的半个弧上实验。但有一点不同，在红色刺激从内向外或从外向内移动的过程中，会产生红色刺激突然消失和再现的现象。把红色突然消失和再现当时的位置记录下来，这就是盲点的位置。

(6) 把视野计的弧依次放到 45°～225°、90°～270°、135°～315°等位置上，再按上述程序测定红色的视野范围。每做完弧的一个位置休息 2min。

(7) 按上述步骤分别测定黄、绿、蓝、白各色的视野范围，用相应颜色的笔把被试反应位置记在同一张视野图上。

(8) 将另一张视野图纸安放在视野计的背面，让被试戴上遮眼罩，用左眼注视中心黄色注视点，按上述同样程序进行测定和记录。

(9) 询问被试各彩色从视野中逐渐消失时感到颜色有何变化。

注意事项：当刺激在左边时，所测得的结果应记录在图纸的右边；刺激在右边时，应记录在图纸的左边。因为彩色视野图是表明人体对外部不同彩色的可见范围，而不是视网膜上不同的彩色区域，所以视野图与视网膜上左右部位是相反的，上下部位是颠倒的。

六、数据处理

(1) 分别在左、右眼视野图纸上将同色调的各点顺次连接起来。

(2) 根据所测各彩色的视野，从大到小排一个顺序。

(3) 比较左、右眼彩色视野的异同。

七、实验报告要求

(1) 书写工整，内容完整。

(2) 实验结果处理要写明处理过程及方法。

实验八　亮点闪烁实验

一、实验目的

（1）通过测量被试在不同颜色（如红、黄、绿）下感知到的光闪烁与光融合的临界点，即闪光融合临界频率（CFF），来评估被试的视觉时间视敏度；

（2）闪光融合临界频率是测定精神疲劳的常用指标之一，通常随着精神疲劳程度的加重而降低，实验可用于评估被试疲劳程度；

（3）实验有助于学生研究视觉系统对不同颜色和亮度刺激的反应特性，以及这些特性如何随条件变化而变化。

二、实验原理

一个频率较低的闪光刺激所产生的忽明忽暗的感觉为光的闪烁，随着闪光频率的不断增加，闪烁感觉逐渐消失，演变成一个稳定的光。我们称，闪烁的最高频率或形成稳定光的最低频率为闪烁临界频率（融合临界频率）。临界频率的高低目前已成为检测人的注意程度及疲劳程度等的主要指标，亮点闪烁仪就是根据该原理所设计的实验仪器，它能精确直观地测出临界频率。

三、实验仪器

亮度闪烁仪（图 1.1.7）用以检验人眼对闪光刺激的响应，测定被试的融合频率（形成无闪烁稳定光感的最低频率）；也可作为检验个体的注意程度及用眼疲劳度的主要指标。

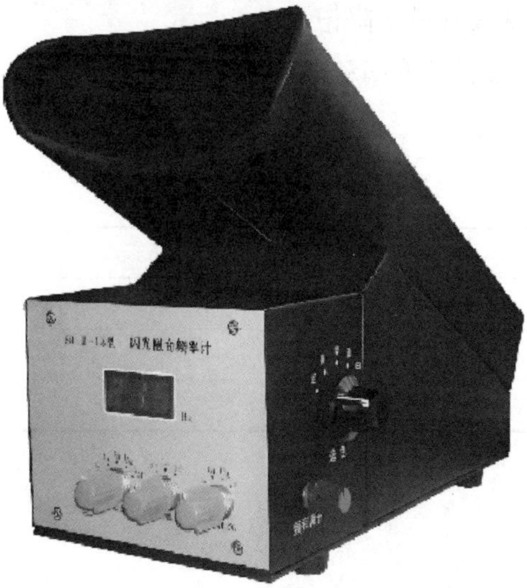

图 1.1.7　亮度闪烁仪

亮度闪烁仪由以下几部分组成：①慢可调频率发生器；②亮点颜色选择和遮光观察窗；③频率显示部分取样速度 1 次/s。

主要技术指标如下：

（1）闪烁频率可调范围 8.0~60.0Hz；

（2）闪烁频率显示精度≤±0.1Hz；

（3）亮点颜色选择三种（红、绿、黄）；

（4）电源 220V±22V、AC 50Hz；

（5）功耗小于 5W；

（6）环境温度 0~40℃；

（7）仪器尺寸高 8cm×宽 20cm×深 17cm，

遮光罩 6cm×15cm×20cm（观察窗）；

（8）质量 1kg。

四、实验步骤

（1）接通电源，后面板数码管亮，三只发光管之一亮。

（2）选择呈现亮点颜色红、黄、绿，在后面板左角，任意选取一种。

（3）由被试改变频率值，将前面板频率旋钮反时针方向转动，频率缓慢降低，光点闪动明显；顺时针方向转动，频率缓慢上升，光点可稳定。

（4）观察亮点程序：

① 先由低频段逐渐上升找到临界点并作出记录；

② 再由高频段逐渐下降找到临界点并作出记录；

③ 重复步骤①，再次从低频段上升记录；

④ 重复步骤②，再次从高频段下降记录。

重复上述①~④过程，观察其他两种颜色的临界点。

颜色的临界点记录见表 1.1.9。

表 1.1.9　颜色的临界点记录

颜色	F↑	F↓	F↑	F↓	确定值
红					
绿					
黄					

五、注意事项

（1）无外界强光干扰下进行实验。

（2）被试在改变频率时注意力集中在亮点的变化，不要去观察频率显示值。
（3）只有被试确定了临界点才去观察频率值并作出记录。

六、数据处理

实验数据记录见表 1.1.10。

表 1.1.10　实验数据记录　（Hz）

亮点颜色	频率变化				
	由低到高	由高到低	由低到高	由高到低	临界点
红光					
绿光					
黄光					

七、思考题

（1）分析影响实验效果的主要因素有哪些。
（2）不同颜色对不同个体的影响是否有规律可循。

实验九　注意广度实验

一、实验目的

（1）学生通过实验测定个体对随机分布的刺激点的注意广度，了解个体在瞬间能注意到的信息量，研究影响个人注意广度的因素等；

（2）学生通过比较不同个体的注意广度，评估他们在处理多任务和信息接收能力上的差异；

（3）实验结果可以用于设计更加符合人的认知特性的人机交互界面，特别是在需要快速处理多个信息源的领域；

（4）学生通过了解个体的注意广度，可以更好地安排工作任务，提高工作效率和安全性。

二、实验原理

注意广度所表征的是个体在眼球不及时转动期内，对稍纵即逝的对象把握数量的一种基本品质。注意的对象愈多，错误估计的概率也就愈大。成人一般只能注意到8~9个刺激圆点。运用数据统计方法，对个体能判断50%以上的刺激对象数即为该被试对该判断刺激的注意广度(阈值)。注意广度与对象的呈现时间、对象特征以及被试掌握的知识、经验和练习的程度等因素有关。

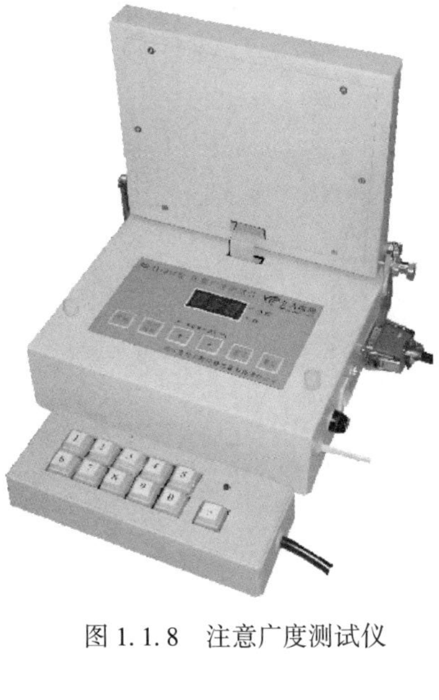

图 1.1.8　注意广度测试仪

三、实验仪器

实验仪器为注意广度测试仪，如图 1.1.8 所示。

本仪器采用亮圆点作为刺激对象，在一定时间速示的条件下，测定被试对随机分布亮点数的注意广度。主要技术参数如下：

（1）点阵刺激数：5~16 圆点随机呈现；

（2）呈现屏面积：120mm×120mm；

（3）速示时间：0.01~9.99s；

（4）实验周期：(常规)1~83 次(组)；

（5）应答键盘：12 键(5~16 数字键)；

（6）数据显示：高亮数码管显示；

（7）外形尺寸：主机 300mm×220mm×70mm。

四、实验步骤

1. 测试前的准备

(1) 将应答键盘输出线缆插头插入主机的“键盘输入”中，接通电源。

(2) 打开电源开关，主机面板左侧数码管显示 1.00，右侧数码管显示 05，分别表示默认测试时间为 1s，默认测试次数为 5 次。此时若主试直接按“开始”键，按默认参数直接开始测试。若要更改参数，则按“设置”键，同时对应参数的指示灯亮，表示处于设置该参数的状态。

(3) 主试按“设置”键可切换时间或次数的设置。设置时间时，“时间”灯亮，时间的最高位闪烁；设置次数时，“次数”灯亮，次数的最高位闪烁。

(4) 主试按“位选”键，可在不同位之间切换，切换至哪一位，哪一位闪烁，再按“调整”键，数字将在 0~9 之间循环。

2. 测试过程

(1) 设置完毕，按“开始”键，点阵屏灯熄灭，等待 2s，提示被试开始测试。点阵屏按主试设置的呈现时间，随机呈现不同位置和数量的亮点(亮点数从 5~6 点随机呈现，5~16 点各呈现一次为一组)，被试每见到亮点数，就按键盘上相应的数字键，如符合亮点数表示答对，如不符合则表示答错，如到达每组设置的最大时间未按键，点阵屏上亮点全灭，再等待 2s 后仍未按键，则也表示答错，点阵屏重新出现新的亮点，让被试反应。

(2) 测试结束，主试面板“实验结束”灯亮，点阵屏灯全亮，同时“广度”灯亮，右侧数码管显示测试结果(即被试的广度值)。

(3) 如需重新测试，主试可按“开始”键，按先前设置的参数运行；也可按“设置”键，重新设置新的参数后按“开始”键运行。

(4) 主试按“自检”键，可检测仪器工作是否正常。自检过程中，七位数码管先是一段一段点亮，然后一位一位点亮，即先段检再位检。

五、注意事项

(1) 检测头采用反射式光电开关技术，与圆盘不直接接触，必须保持 5mm 左右距离。

(2) 实验不能在强太阳光下进行。

(3) 注意保护圆盘表面，如不小心黑面有破坏，可用黑色软笔轻涂覆盖。

(4) 调整检测头后必须锁紧螺丝。

(5) 电源开关不宜过于频繁。

六、实验结果与数据处理

注意广度实验数据记录见表 1.1.11。

表 1.1.11　注意广度实验数据记录

组员实验数据记录		
测试时间/s	测试次数/次	光度值
2	5	8
3	5	8

实验结论：

七、思考题

(1) 通过实验分析分配和维持视觉注意的能力的影响因素有哪些。

(2) 如何解释在实验中观察到的个体间注意广度的差异？注意广度在实际工作环境中有哪些应用？请举例说明。

实验十　暗适应实验

一、实验目的

(1) 通过实验学生可测量个体从明亮环境进入暗环境后，视觉系统对光的敏感度逐渐增加并达到最佳状态的过程，即暗适应曲线；

(2) 实验有助于学生评估个体之间在暗适应能力上的差异，这对于某些需要在暗环境中工作的人员选拔和培训具有重要意义；

(3) 实验有助于学生研究视觉系统的生理学基础，包括视网膜中感光色素在暗处时再合成增加的过程。

二、实验原理

当人从亮处走到暗处时，开始几乎看不见物体，但过些时候就看到了，这种现象称为暗适应。人之所以能在繁星点点的夜晚及烈日炎炎的白昼，光照度可差 108~1010 倍的变化幅度巨大的周围环境中工作，正是因为有良好的视觉适应机制。

视觉适应机制包括瞳孔大小的变化、视网膜光化学适应和神经的适应。由于瞳孔的变化只能使进入眼球的光线有 10~20 倍的变化。视网膜光化学反应过程时间较长，达到完全适应需要 45min。初期进行较快的 5min 内将完成整个过程的 60%，而这 5min 的关键就是运用了神经的适应，此时视觉器官中的锥体细胞和杆体细胞都在发挥作用。在现实应用中最为广泛的就是该段时间，对于驾驶员夜间驾驶的适应来说，最初的 30s 水准是一项重要的指标之一。

暗适应的表现是个体由亮处转入暗处，在暗环境中的视觉适应性逐步提高的过程。其影响因素有：①适应前的光照，光照强度和受刺激的时间越长，达到完全适应的时间越长；②缺氧因素，缺氧对暗适应有明显影响，使人体暗适应能力下降；③暗环境的照明强度越弱和个体观察时间越短，其视觉感受性越差。

三、实验仪器

1. 仪器组成

暗适应实验常用的实验仪器是 EP404 暗适应仪，如图 1. 1. 9 所示。

该仪器包括主机(观察窗、强光照明、弱光照明、控制电路、操作面板)、遥控盒、电源线、四块薄膜数字板。

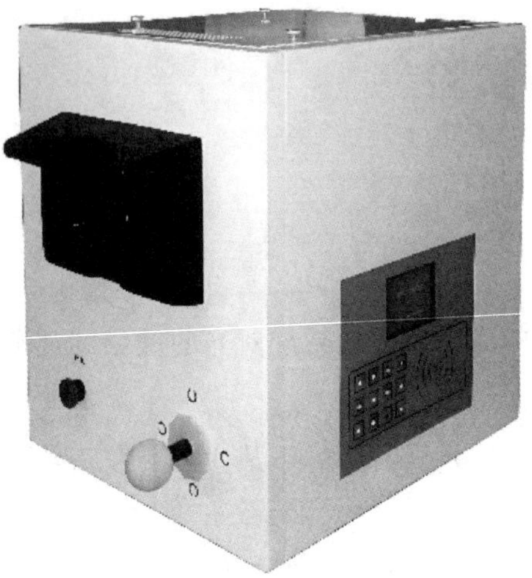

图 1.1.9　EP404 暗适应仪

2. 技术参数

定时：30s；

定时精度：<0.1；

照明：大灯照明大于 2000lx；小灯照明小于 1.5lx[lx 是照度单位，照度的国际单位(SI)，又称米烛光，英为 lux，简作 lx]；

重量：15kg；

外形尺寸：355mm×700mm×455mm。

为满足暗适应实验和实际应用所需，该设备采用固定的强光光源作为亮处环境，被试在强光环境适应 30s 后突然熄灯呈现在弱的光环境下的字标，检测被试的视敏度(人的视觉器官辨认外界物体的敏锐程度)。

设备采用空间视敏度指标作为被试暗适应能力的测量指标。空间视敏度以能看出两个物体的最小间距来表示，以视觉来进行计算，公式如下：

$$v = 1/a$$

式中　v——视敏度；

a——视角，分。

$$a = A/d \times 57.3$$

式中　d——物体到眼距离，mm；

A——物体高度，m；

57.3——弧度。

根据以上原则，设计四种 0，1，-1，0 视力数据卡片，作为视敏度测定依据，并设定以下设备指标：

(1) 大灯设定时间为 30s，小灯设定时间为 30s。

(2) 试表设定(相应视力)：0.1、0.2、0.3、0.4、0.5、0.6、0.7、0.8、0.9、1.0。

(3) 明适应应用视野亮度：7000dsb；暗视标亮度：1.5dsb(相当于电表中 9 的位置)。

3. 使用方法

(1) 连接遥控盒、电源线，接通电源，主机自动复位；

(2) 根据测试需求，可选择暗适应时照度(1.5lx 时电表值在 110V 左右)；

(3) 更换数字薄膜板；

(4) 被试眼睛紧贴观察窗，适应 1min；

(5) 主试按启动键开始测试。

四、实验步骤

（1）完成实验前准备工作（连接仪器，接通电源，选择好暗适应时照度，更换数字板），被试坐在观察窗之前，双眼必须舒服地紧贴观察窗口；

（2）主试告知：这是一个暗适应能力的测试，你须将脸部紧贴观察窗，睁大眼睛注视正前方白板，大灯熄灭后，前方窗口遮板下落，将暴露10行数字，尽你可能将数字由上至下分段读出，直到10行数字读完或遮板再次挡住数字板；

（3）被试理解主试告知的内容后，按“开始”键实验开始；

（4）主试根据被试的口头报告，对应呈现的数字板的原稿，统计被试的识别程度（正确的报告行数）；

（5）测试结束后机器自动复位，为下次测试做好准备。

五、数据处理

（1）统计每个被试对四种数字板的识别程度，以最低值为准，转换成相对应的视力值。

（2）以视力值为纵坐标，以对应视力值所用时间为横坐标画出明暗适应曲线（可用秒表记录每组开始报告时间）。

（3）暗适应时不同的照度（以电压表显示值表示：70V、90V、110V、130V、150V），以视力值为纵坐标，以对应某视力值所用时间为横坐标画出暗适应曲线族。

六、思考题

（1）该方法是否可测定锥细胞的暗适应过程，在实验方法上该做哪些变更？

（2）根据曲线族的状况如何确定被试暗适应的差异？

实验十一　手指灵活性测试

一、实验目的

(1) 通过实验学生可测量个体手指的活动范围、速度和准确性，了解手指的灵活性，有助于评估个体在进行精细操作时手和眼的协调能力；

(2) 通过比较不同个体的测试结果，学生可评估个体在手指灵活性和手眼协调能力上的差异。

二、实验原理

应用心理学测定方法进行能力方面的动态研究，能够弥补和纠正用快速法进行职业咨询和职业选择时的不足，通过长期对个体动态的研究与测试，可以向被试提供职业选择方面的建议，这种测验方法在就业指导和咨询方面具有很大的实用价值。美国的职业评价测验(MVE)和日本普通职业的适应性测验，均选用这类测试方法测试应试者手指的灵巧性。

手指灵活性测试，主要测试手指的灵活性和手指尖的灵活性。常用方法是被试用一把镊子钳，把数十根金属针分别插入一块具有数十个小孔的板内。以完成任务所用时间作为检测的指标。

手指尖灵活性测定的常用方法是安装或拆卸螺母的操作，即在一块板上装有数十根不同尺寸的螺栓，被试的任务就是装上垫片再旋上螺母。或者在旋有螺母的螺栓上，旋下螺母。以完成任务所用时间作为检测的指标。

本实验所用的手指灵活测试仪就是选用了以上方案，仪器中配置了精确统计时间的计时器，并精选了螺栓的品种及数量，使其更趋实用，实验也更为方便。

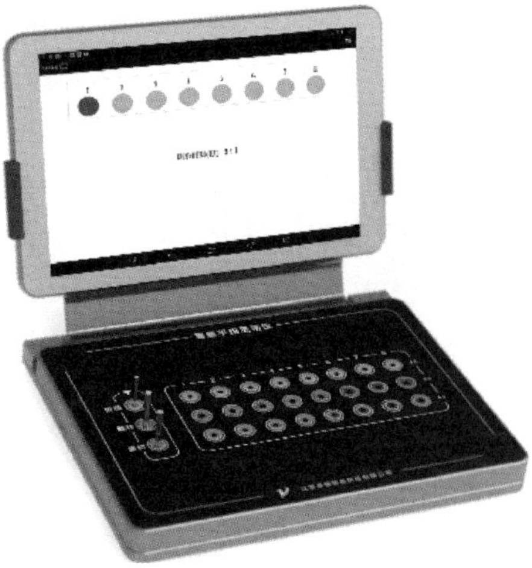

图 1.1.10　EP707 手指灵活性测试仪

三、实验仪器

EP707 手指灵活性测试仪如图 1.1.10 所示。

手指灵活性操作部件的第一根插针插入左上方孔的信号经整形送入电脑芯片后开始计时，当最后一根插针(即第 25 根)插入右下方孔的信号经整形送入电脑芯片后停止计时，所用时间经锁存、驱动以数码显示。

手指灵活性测试仪除适用于以测定手指与手指尖灵活性的仪器外，也适用于包括手、手腕、手臂的灵活性，以及手和眼的协调性能力的一类仪器。

技术参数：

（1）计时范围：0~9999.99s；

（2）手指灵活性测试量：100个孔；

（3）手指尖灵活性测试量：M6、M5、M4、M3螺钉各25个。

四、实验内容及步骤

1. 使用方法

（1）将所需实验的配件板插入机箱（稍用力插紧）。抽出附件盒盖。

（2）接通电源，数码显示为零（如不是全零，可按复位键）。

（3）装入第一个（一般指左上方的一个）零件开始计时，装完最后一个（一般指右下方的一个）停止计时。显示完成任务所用时间。

2. 实验程序

（1）第一项实验：手指灵活性测试。

① 将手指灵活性测试板（上有100个小孔）插入机箱。打开附件盒，露出插针盒。

② 接通电源，被试利手（习惯用的手）握着镊子，坐在测试板前。

③ 实验指导语：这是一个测量手指灵活性的实验。你面前的手指灵活测试板上有100个孔，插针盒里有100根插针，你的任务是用镊子将盒中的插针插入孔中。插的顺序是从左至右，从上至下，即第一根插在第一排的最左边的一个孔，第二根插在第一排的从左数第二个孔，以此类推，第100根插在最后一排最右边的一个孔。要求你插得快，并要插到位，即插到底。

④ 被试理解指导语后，即可操作实验。当第一根插针插入第一排最左边的一个孔时，仪器内的计时器开始计时；当最后一根插入最后一排最右边的一个孔时，停止计时。显示被试完成任务所用时间。

⑤ 主试记录实验结果。

（2）第二项实验：手指尖灵活性测试。

① 将手指尖灵活性测试板（上有100个螺栓），插入机箱。打开附件盒，露出螺帽盒。

② 接通电源，被试坐在测试板前。

③ 实验指导语：这是一个测量手指尖灵活性的实验。你面前的手指尖灵活测试板上有100个螺栓，附件盒里有100个不同规格的螺帽，你的任务是用手将盒中的螺帽拧入对应的螺栓中。拧入的顺序是从左至右，从上至下，即第一个螺帽拧在第一排的最左边的一个螺栓上，第二个螺帽拧在第一排的从左数第二个螺栓上，以此类推，第100个螺帽拧在最后一排最右边的一个螺栓上。要求你拧得快并要拧到位，即拧到底。

④ 被试理解指导语后，即可操作实验。当第一个螺帽拧入第一排最左边的一个螺栓时，仪器内计时器开始计时；当最后一个螺帽拧入最后一排最右边的一个螺栓时，停止计

时。显示被试完成任务所用时间。

⑤ 主试记录实验结果。

(3) 第三项实验：比较非利手指(不习惯用的手)灵活性。

① 将手指灵活性测试板(上有 100 个小孔)，插入机箱。打开附件盒，露出插针盒。

② 接通电源，被试非利手握着镊子，坐在测试板前。

③ 实验指导语：这是一个测量手指灵活性的实验。你面前的手指灵活测试板上有 100 个孔，插针盒里有 100 根插针，你的任务是用非利手握着镊子将盒中的插针插入孔中。插的顺序是从左至右，从上至下，即第一根插在第一排的最左边的一个孔，第二根插在第一排的从左数第二个孔，以此类推，第 100 根插在最后一排最右边的一个孔。要求你插得快并要插到位，即插到底。

④ 被试理解指导语后，即可操作实验。当第一根插针插入第一排最左边的一个孔时，仪器内计时器开始计时；当最后一根插入最后一排最右边的一个孔时，停止计时。显示被试完成任务所用时间。

⑤ 主试记录实验结果。

五、数据处理

(1) 列表整理各 5 次的练习结果。

练习结果记录见表 1. 1. 12。

表 1. 1. 12　练习结果记录

被试	测试针数	测试用时	备注

(2) 绘制个人的练习曲线。

六、思考题

(1) 根据第一项、第三项实验结果分析利手与非利手的差异。

(2) 根据练习曲线，分析手指及手指尖动作技能形成的进程及趋势。

实验十二　双手调节实验

一、实验目的

（1）通过实验，学生可评估个体在同一时间内将注意力分配到两种或两种以上对象或动作上的能力；

（2）实验有助于学生测定个体双手的协调能力，即在进行双手动作时的同步性和准确性；

（3）通过比较不同个体的测试结果，可评估个体在双手协调和注意分配能力上的差异。

二、实验原理

动作技能是通过练习而形成的。练习曲线能形象地反映练习的进程及练习发展的趋势。绘制练习曲线有各种方法。不同的画法曲线呈现出不同的表现形式。最一般的画法是用练习的阶段或练习的遍数作横坐标，用练习的效果作纵坐标来绘制练习曲线。以双手调节器的练习为例：用练习遍数作横坐标，用完成任务所用时间及出错次数作纵坐标，以每遍的结果确定坐标上的位置，连接各点便组成练习曲线。

双手调节器是一种典型的动作技能操作仪器。它是通过双手的操作，合作完成设定的曲线轨迹的运动，即右手完成目标的上下移动，左手完成目标的左右移动。以被试完成任务所用的时间及偏离轨迹的次数，来衡量其多次练习后的进步水平。

三、实验仪器

EP711 双手调节器如图 1.1.11 所示。

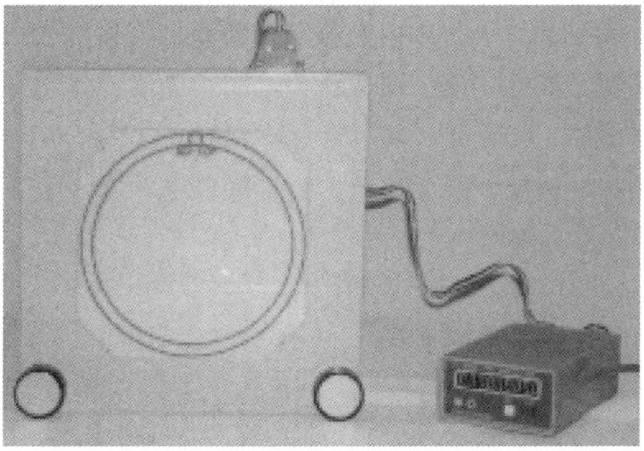

图 1.1.11　EP711 双手调节器

双手调节器操作部件的探笔头一旦碰到起始位，信号整形送入电脑芯片开始计时，探笔头偏离轨迹，信号整形送入电脑芯片开始计次，探笔头一旦碰到终止位，信号整形送入电脑芯片停止计时、计次，结果经锁存、驱动以数码显示。

双手操作部件包含双手分别移动的机构、运动目标的指示与检测电路，以及设定的曲线轨迹。另外还有计时计数器。

技术参数：

(1) 计时范围：0.0000~99999.9999s；

(2) 计时精度：0.1%；

(3) 计数范围：0~999 次。

四、实验步骤

1. 使用方法

(1) 用电缆线连接双手调节部件和计时、计数器。

(2) 接通电源，双手调节部件的目标光斑发出红光，计时器数显示为 0。

(3) 转动右手旋钮目标光斑上下移动。

(4) 转动左手旋钮目标光斑左右移动。

(5) 目标光斑离开起始位，开始计时计次。完成一周，目标光斑进入起始位，停止计时。

2. 实验程序

(1) 按使用方法(1)(2)做好实验前准备。

(2) 主试事先将双手调节器上的目标光斑调到起始位。

(3) 实验指导语：这是一个双手协调动作的实验，顺时针旋转右手旋钮目标光标向上移动，逆时针旋转右手旋钮目标光标则向下移动；顺时针旋转左手旋钮目标光标向右移动，逆时针旋转左手旋钮目标光标则向左移动；任务是将目标光斑沿着曲线轨迹但又不超越轨迹运动，要求又快又准地完成一周运作，走完一周后，休息一分钟，整个过程运作十遍。

(4) 被试理解实验指导语后，即可开始实验。每走完一周，主试记录结果，按“复位”键，以便被试继续操作。

五、数据处理

(1) 根据实验结果，列表整理完成时间及错误次数。

实验结果与数据记录见表 1.1.13。

表 1.1.13　实验结果与数据记录

	1	2	3	4	5	6	7	8	9	10
时间										
次数/次										

（2）绘制时间及次数的练习曲线。

六、思考题

（1）根据练习曲线分析自身的动作技能练习效果。

（2）分析自身在操作中常会出错的部位及原因。

（3）联系平时对被试间的接触与了解，比较组内被试间差异及学习特点。

实验十三　动作稳定实验

一、实验目的

(1) 通过动作稳定测试实验，学生可研究和测定人的心理平衡能力及动作稳定能力；

(2) 学生通过测量简单动作的稳定性及手和手臂的协调性，能检验情感对动作稳定性的影响。

二、实验原理

任何精细的动作都涉及强度、速度与空间方位三大要素。对于需要用手进行的精细动作，其动作的速度与对空间方位的判断尤为重要。作为空间方位的准确定位，视觉的反馈联系又起着决定性的作用。

手臂瞄准运动测验是用来研究随意运动准确性的最简洁的方法。动作稳定测试仪中的九孔瞄准测验就是根据这一思路来测定个体运动的准确判断力的。测验时手持测试笔，以笔尖通过孔、笔尖不碰孔边为准，以通过孔的最小直径为衡量准确性的指标，通过的孔直径越小其瞄准的判断力就越高。这种测验不仅可以用来研究受视觉支配的随意运动的准确性，而且可以用来研究左右手瞄准运动判断力的差别，以及瞄准运动能力的发展过程，还可以寻找这种能力和其他心理特点的关系。不少心理学家将身体某部位不由自主地颤动的范围作为控制运动能力的指标。颤动范围越大，控制运动的能力越弱，反之，控制运动的能力越强。当一个人处于某种情绪状态时，这种身体不由自主的运动亦会比没有该类情绪时有明显的增大。所以，这种颤动范围也可作为情绪强度的心理指标。

工作原理如图 1.1.12 所示。

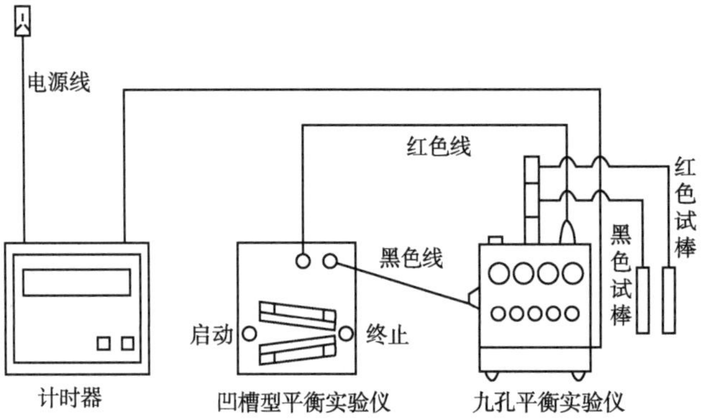

图 1.1.12　工作原理

三、实验仪器

九孔平衡实验仪、凹槽型平衡实验仪均以大孔底部和进入口为启动点，以孔边和凹槽边为计数点，以最小孔底部和出口为结束点(故探笔一碰大孔底部和进入口，信号进入整形电路 a；探笔一碰孔边和凹槽边，信号进入整形电路 b；探笔一碰最小孔底部和走出凹槽口，信号进入整形电路 c)，经整形信号进入电脑芯片在编程软件的作用下，开始工作、计数及停止计时计数，再由锁存、驱动数码管显示实验结果。控制按键使结果逐个显示及复位。

组成：计时器、九孔平衡实验仪、凹槽型平衡实验仪。

技术参数：

(1) 九孔直径：12mm、9mm、6.7mm、5.3mm、4.2mm、3.5mm、3.1mm、2.7mm、2.5mm；

(2) 测验笔尖直径：2mm；

(3) 凹槽宽度范围：2.5~12mm；

(4) 计时范围：0~9999.99s；

(5) 计数范围：0~999 次。

四、实验步骤

1. 使用方法

(1) 将凹槽型平衡实验仪与九孔平衡实验仪用线缆连接。测试棒尾部与九孔平衡实验仪连接。

(2) 将九孔平衡实验仪与计时器用线缆连接。接通电源。

(3) 测试棒碰到大孔底部或凹槽起始端时，计时器开始计时。每碰到孔边或凹槽边一次，计错加一，并发出声音，以示警告。直到测试棒碰到最后一孔的底部或凹槽结束端时，计时器停止计时。

(4) 按计时器“复位”键，显示归零。

2. 实验程序

(1) 第一项实验：瞄准准确性测试。

① 按使用方法(1)(2)，做好实验前准备。被试坐在实验仪器前，手捏测试棒。

② 实验指导语：这是一个瞄准运动测验。你面前有一个具有九个大小不一之孔的斜面板，你的任务是用手握的测试棒尖，插进孔里、碰到底部，顺序是从大至小，直至进入最小一个孔并碰到底部。希望你发挥最大的判断能力，在用测试棒插入孔中的过程中尽量不要碰到孔边，同时尽快地通过九个孔。

③ 被试理解指导语后，即可实验。

④ 实验结束后主试按计时器“T/N”键，记录显示的时间(T)及出错次数(N)(未通过的孔数)。

⑤被试先用左手后用右手，按以上程序进行实验。

(2) 第二项实验：运动的稳定性测试。

① 按使用方法(1)(2)，做好实验前准备。被试坐在实验仪器前，手捏测试棒。

② 实验指导语：这是一个运动稳定性测验。你面前有一个由宽至窄的凹槽，你的任务是用手握的测试棒尖，由宽处进槽、从宽至窄移动，直至进入最窄一端的结束位。希望你以最稳定的状况，在用测试棒移动过程中尽量不要碰到槽边，同时尽快地通过凹槽。

③ 被试理解指导语后，即可实验。

④ 实验结束后主试按计时器“T/N”键，记录显示的时间(T)及出错次数(N)(未通过的槽数)。

⑤ 被试先用左手后用右手，按以上程序进行实验。各做五次。

⑥ 将凹槽板转 180°，让被试换一种方向(即原来是自左向右运动，换成自右向左运动)，按以上程序进行实验。

五、数据处理

(1) 根据第一项实验结果，分别统计被试左、右手完成任务的时间及未通过孔的个数。计算两手瞄准动作误差的相关系数。第一项实验数据记录见表 1.1.14。

表 1.1.14　第一项实验数据记录

项次		1	2	3	4	5	平均值
时间	左手						
	右手						
出错次数	左手						
	右手						

(2) 根据第二项实验结果，分别统计被试左、右手完成任务的时间及未通过凹槽的个数。计算两手动作稳定性的相关系数。第二项实验数据记录见表 1.1.15。

表 1.1.15　第二项实验数据记录

项次		1	2	3	4	5	平均值
时间	左手						
	右手						
出错次数	左手						
	右手						

六、思考题

(1) 根据第一项实验结果，分析左、右手差异，分析时间及通过个数的关系。

(2) 根据第二项实验结果，分析不同方向差异。

实验十四　动作判别实验

一、实验目的

（1）通过实验学生可测量个体在执行特定动作时的准确性，了解个体在动作执行过程中的表现；

（2）实验有助于学生评估个体动作的稳定性，即在重复动作过程中的一致性和可靠性；

（3）通过比较不同个体的测试结果，可评估个体在动作执行准确性和稳定性上的差异。

二、实验原理

动作是人类活动的基本方式，而动作的正确性至关重要。在多数情况下，它取决于感觉或中枢神经是否进行了正确的加工。在动作的初期，视觉起主要作用；而在动作的巩固和完善阶段，则很大程度上依赖于动觉的调节。此外，动作反应还与动作的样式、速度、力度等因素密切相关。

三、实验仪器

动作判别仪就是测试动作准确性的一类仪器。用于测试和训练个体保持与分配视觉注意的能力。适用于汽车驾驶员等操纵灵活性的检验，兼作动作学习的心理学实验和研究。

本仪器设有一旋转圆盘，圆盘上装有实验用多种遮光膜片，膜片区排列有圆形和矩形两类透光孔。这些作为实验目标对象的光标，测试时被模拟为路障且将随转盘做圆周运动。被试双手操纵循迹机构中的双测试笔不断在圆盘上来回摆动时，要力求规避作为障碍物的光标。在规定时间内，以被试能否避开光标（在靶抑或碰触脱靶）的效能来检验个体保持与分配视觉注意的能力。

本仪器也有助于培养射击运动员、驾驶员等职业人员的注意力集中水平。

技术参数：

（1）转盘：直径 250mm；

（2）转速：5r/min；

（3）测试光标（路障）：圆形 10 个、矩形 10 个；

（4）测试杆：两 L 型联动杆，直径 8mm，长度 147mm；

(5) 转速1位;

(6) 定时3位(基准30~540s,即0.5~9min);

(7) 在靶3位;

(8) 碰触(脱靶)3位(最大碰触次数显示为999次);

(9) 电源:220V±10%,50Hz;

(10) 重量:3.8kg;

(11) 外形尺寸:330mm×330mm×150mm。

四、实验步骤

(1) 将仪器外接电源接通,并且连好微型打印机的电源电缆。

(2) 调整好检测头位置,使转动手轮时其左、右各限位于转盘边缘,并且不出转盘。此步骤不必每次进行。

(3) 按下左侧电源开关,圆盘转动。通知被试手握手轮,两眼注视圆盘。

(4) 进入练习状态。被试练习转动手轮,控制检测头左、右往复移动以避开目标,如操作错误,则实时显示其失败次数,并且仪器上面板两发光二极管分别亮。当被试熟悉后可令被试准备正式测试。练习状态下,运行次数显示"00"。

(5) 练习状态下,主试可根据实验需要,设定实验条件。按"定时"键1次,定时时间加1min,超过9min,回到1min定时;按"次数"键1次,实验次数加1次,超过19次,回到实验1次;按"设置"键,键上灯亮或灭变化,灯亮表示"设置"键按下状态,须在每次实验中使被试有8s休息时间,否则每次间无休息。仪器显示设定的实验时间及次数。

(6) 主试按下"测试"键,键上灯亮,随着一短声,实验开始。运行次数显示"01"。被试操纵手轮转动,使左、右检测头避开目标,实时显示失败次数。

(7) 到设定时间后,如"设置"键按下状态,则一长声告诉被试可稍休息一会儿,8s后,一短声下次又开始;否则为连续状态,一短声告诉一次完毕,马上重新开始下一次。休息时"测试"键上灯灭。每次开始时实时显示运行次数,并且失败次数从零开始。

(8) 到设定次数后,随着一长声,测试结束。显示这次测试的总失败次数。

(9) 按下打印键,将结果打印出来。

五、注意事项

(1) 检测头采用反射式光电开关技术,与圆盘不直接接触,必须保持5mm左右距离。

(2) 实验不能在强太阳光下进行。

(3) 注意保护圆盘表面,如不小心黑面有破坏,可用黑色软笔轻涂覆盖。

(4) 调整检测头后必须锁紧螺丝。

(5) 电源开关不宜过于频繁。

六、数据处理

(1) 整理结果，分别记录每个被试失败的时间点和总失败次数。

(2) 画出实验成功和失败的时间曲线并进行分析。

七、思考题

通过实验分析分配和维持视觉注意的影响因素。

实验十五　动觉方位辨别测试实验

一、实验目的

（1）通过动觉方位辨别仪的测试，测定个体前臂位移的动觉感受性，了解练习对动觉感受性的影响；

（2）通过实验了解不同被试动觉方位辨别的差异，以及方位变化对动觉辨别的影响；

（3）实验可比较左右手在动觉方位辨别上的差异，以及不同的体育项目之间的差别；

（4）实验有助于学生了解如何提高动觉辨别的感受性，这对于需要精确身体感知的运动和职业非常重要。

二、实验原理

动觉是身体运动和位置状态的一种内部感觉。动觉感受器分布在肌肉和肌腱内，感受器中的刺激来自肌肉的收缩和伸展，并反映出动作的强度、速度和轨迹的信息。正因为各类感受器的存在，才保证了人体能确切而精细地完成所需要的动作。

一个完整的动觉过程，往往是一个不断反馈的过程，即一个完整的动作，往往是先做暂时性的运动，然后再根据环境的影响去逐步调整而完成的。例如一个完善的投掷动作须把握方向、射角及初速度，而这三项中的前两项就是靠动觉方位的正确判断而决定的。动觉方位辨别效果决定于先天作用及后天的训练。一个好的运动员除先天的禀赋以外，还需经大量的训练、逐步调整自身，才能达到较高的水平。

三、实验仪器

EP207 动觉方位辨别仪如图 1.1.13 所示。

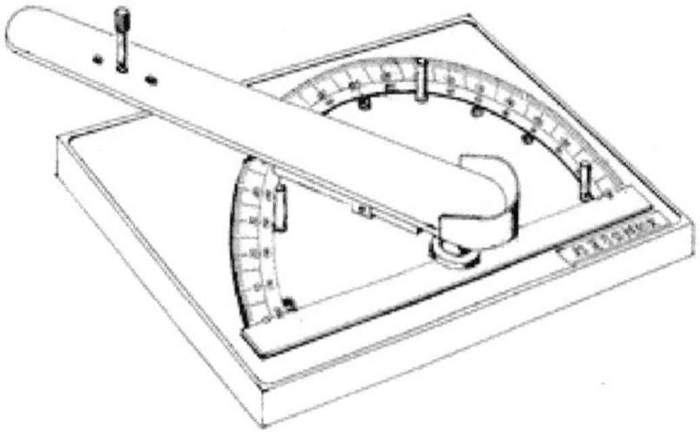

图 1.1.13　EP207 动觉方位辨别仪

1. 组成

(1) 带有半圆刻度的底板和圆心轴相连的滑动臂。

(2) 九个制止器座套，分布在底座 0°、30°、50°、70°、90°、110°、130°、150°、180°的位置上，并配有三个制止器。

(3) 滑动臂下面有活动挡块，两侧有螺钉限位。可调滑动臂指针与上下行度数间的差。

2. 技术指标

(1) 动作移动可测范围：0~180°。

(2) 分辨精度：1°。

(3) 复制定位：0°、30°、50°、70°、90°、110°、130°、150°、180°共 9 个。

(4) 复制定位精度：1°。

四、实验内容及步骤

1. 使用方法

(1) 新装仪器前准备：用户打开仪器箱，取出底板和滑动臂，将滑动臂的轴芯插入底板的中心轴套，并在轴芯的螺纹端拧上固定螺帽。当感到滑动臂旋转自如，又没有明显的上下窜动时，拧紧固定螺帽上的小螺钉。

(2) 被试把胳臂放在滑动臂上，根据被试的手臂长短，选择合适的螺孔，拧入夹紧杆(夹紧杆装在中指和食指间对应滑动臂上的螺孔中)。

(3) 滑动臂的位置是用臂下红色指针对准底板上的刻度值来表示的。为使制止器的位置基本上与刻度对应，应做以下调整：

① 先将滑动臂放在底板左侧；

② 在底板 90°的制止器座套中，插入制止器；

③ 顺时针调节滑动臂，碰到制止器时，观看红色指针对应刻度值；

④ 如刻度值小于 90°，逆时针拧松左侧限位螺钉直至红色指针对准 90°刻度值，反之顺时针拧紧限位螺钉；

⑤ 再将滑动臂放在底板右侧；

⑥ 在底板 90°的制止器座套中，插入制止器；

⑦ 逆时针调节滑动臂，碰到制止器时，观看红色指针对应刻度值；

⑧ 如刻度值小于 90°，顺时针拧紧右侧限位螺钉直至红色指针对准 90°刻度值，反之逆时针拧松限位螺钉。

(4) 作为训练或复制实验时，可用制止器插在所需角度的制止器座套中，作为基准。

(5) 作为方位估计实验时，无须制止器即可实验。

2. 实验程序

(1) 第一项：复制实验。

① 在按使用方法(1)(2)(3)的基础上做好准备。

② 主试随机地选择复制角度(在九个带有制止器座套中选用)，插入制止器，先让被试在排除视觉作用下，练习五次，作为被试在标准刺激状况下的练习。

③ 然后拔除制止器，复制练习结果。

④ 实验指导语：这是一个动觉复制测试。先给你一个标准位，可练习五次，练习中自我感觉手臂在标准位时的各关节所处的部位、肌肉的收缩程度。练习结束，将取除挡块，你根据练习时的感觉，复制到原部位。要求做到误差角度越小越好。共做六个标准位。

⑤ 主试记录被试在每一个标准位时的复制值。

(2) 第二项：反馈条件下的动觉训练效果。

① 按"第一项"中的①②③的步序操作。

② 实验指导语：这是一个动觉复制测试。先给你一个标准位，可练习五次，练习中自我感觉手臂在标准位时的各关节所处的部位、肌肉的收缩程度。练习结束，将取除挡块，你根据练习时的感觉，复制到原部位。复制后我将告诉你偏离的方位及角度，你可做修正再复制。共做十次。

③ 主试记录被试在此标准位时的各次反馈后的复制值。

五、实验结果

实验记录及实验结果见表 1.1.16。

表 1.1.16　实验记录及实验结果

实验条件	实验方式	30°	50°	70°	90°	110°	130°
第一项							
第二项							

六、实验报告要求

(1) 绘制实验第二项的反馈状况下的练习曲线。

(2) 比较各角度的误差值。

第二章 燃烧与爆炸基础实验

安全工程本科专业的“危险化学品安全技术实验”课程依据《普通高等学校本科专业类教学质量国家标准》设立，专注于提升学生对危险化学品安全技术知识的掌握和实践技能。本课程包含一系列实验，如可燃性液体闪点变化规律测定、液体自燃点测定、燃气燃烧速度测定、可燃气体爆炸极限测定等，旨在评估和研究危险化学品的燃烧特性、火灾危险性以及爆炸特性。此外，还包括对有害气体如甲醛的测定、固体燃料表面燃烧温度的测量、液体燃烧速度的测定，以及燃烧烟气的分布和成分分析等实验，促使学生深入理解燃烧过程和热波传播规律。

该实验课程旨在使学生掌握危险化学品的基本特性、分类及标识、储存与运输安全、事故应急处理等专业知识和实践技能。通过实验操作，加深对危险化学品危险性的理解，学会正确处理和防范与危险化学品相关的风险。通过这些实验，学生能够熟悉危险化学品的安全处置、储存和使用技术，掌握必要的理论知识和实践技能。课程目标是为学生在化工、能源和环境保护等领域的安全管理岗位上提供坚实的专业基础，确保他们能够在未来的职业生涯中，有效管理和控制危险化学品相关的风险，以保障人员安全和环境保护。

实验一　可燃性液体开口闪点变化规律测定

一、实验目的

(1) 通过实验直观认识可燃液体的闪点和燃点；

(2) 明确闪点、燃点的实用意义，重点是闪点对可燃液体火灾的重要意义；

(3) 掌握实验测量的原理和开口杯测量闪点的方法；

(4) 熟练使用开口闪点全自动测量仪测量液体的开口闪点、燃点，并掌握混合液体闪点的变化规律。

二、实验原理

1. 闪燃和闪点

研究可燃液体火灾危险性时，闪燃是必须掌握的一种燃烧类型。闪燃，是指可燃液体遇火源后，在其表面上产生的一闪即灭(少于5s)的燃烧现象。闪燃的发生是可燃液体着火的前奏，是火险的警告。在规定的实验条件下，可燃液体表面能产生闪燃的最低温度，即为闪点。闪点是衡量可燃液体火灾危险性的重要依据。闪点越低，液体火灾危险性越高。

闪点是可燃液体火灾危险性的分类、分级标准，如表1.2.1所示。

表1.2.1　可燃液体火灾危险性的分类、分级标准

序号	分类	闪点
1	甲类危险可燃液体	<28℃
2	乙类危险可燃液体	28℃≤闪点<60℃
3	丙类危险可燃液体	闪点≥60℃

油品根据闪点划分，在45℃以下的叫易燃品；45℃以上的为可燃品。在储存使用中禁止将油品加热到它的闪点，加热的最高温度，一般应低于闪点20~30℃。根据可燃液体的闪点，确定其火灾危险性后，可以相继确定安全生产措施和灭火剂供给强度的选择。

2. 混合液体的闪点

纯组分可燃液体的闪点，可以通过查阅文献资料来获得。但是随着化学工业的不断发展及化工产品的多样化，许多行业在实际生产中常常大量使用混合可燃液体，如油漆、涂料、冶金、精细化工、制药等。这些行业场所的危险等级取决于混合液体的闪点，而混合液体的闪点随组成、配比的不同而变化，很难从文献上查得。需要实际测量混合闪点，为研究其变化规律提供依据。重质油使用过程中，即使混入少量轻组分油品，闪点也会降低。

可燃液体与可燃液体混合后的闪点，一般低于各组分闪点的算术平均值，并接近于含量大的组分的闪点。可燃液体与不可燃液体混合后的闪点，随不可燃液体含量的增加而升高，当不可燃液体含量超过一定值后，混合液体不再发生闪燃。

3. 燃点

燃点，又叫着火点，是可燃物在空气充足条件下，达到某一温度时与火源接触即行着火(出现火焰或灼热发光，不少于 5s)，并在火源移去后仍能继续燃烧的最低温度。燃点时，燃烧的不只是蒸气，还有液体(即液体已经达到燃烧温度，可提供保持稳定燃烧的蒸气)，能继续燃烧；闪点时，燃烧的只是蒸气，移去火源后即熄灭。燃点的温度值比闪点的温度值高些。闪点越低的可燃液体，其燃点和闪点的差值越小；闪点高于 100℃ 的可燃液体，差值则在 30℃ 以上。

燃点对评价可燃固体和闪点较高的可燃液体的火灾危险性具有实际意义，燃点越低，越易着火，火灾危险性越大。控制可燃物的温度在燃点以下是预防火灾发生的有效措施之一。

三、实验装置

ZHK302 型开口闪点全自动测定仪如图 1. 2. 1 所示。

图 1. 2. 1　ZHK302 型开口闪点全自动测定仪

1. 仪器工作原理

ZHK302 型开口闪点全自动测定仪按照 ASTM D92(GB/T 3536)、GB 267—1988 方法规定的升温曲线，由 CPU 控制加热器对样品加热，蓝色 LCD 显示器显示状态、温度、设定值等，在样品温度接近设定的闪点值时(低于设定值 10℃)，CPU 控制电点火系统自动点火，自动划扫。在出现闪点时仪器自动锁定闪点值，继续升温至出现燃点值，仪器锁定，屏幕显示闪点值、燃点值，有声音提示。同时，自动对加热器进行风冷。

2. 仪器特点

(1) 功能强。可一机两用，同时检测闪点、燃点，并打印测试结果，内部具有时钟芯片，自动显示当前日期、时间等。

(2) 精度高。温度误差控制在±1.5℃，分辨力为0.1℃。

(3) 重复性好。在保证测试环境符合 ASTM D92 或 GB 267—1988 的情况下，连续测试同一样品，两者闪点值相差≤4℃。

(4) 自动化程度高。可以自动完成测试过程，自动进行冷却，自动信息提示等。

3. 技术参数

(1) 测定范围：40~400℃；

(2) 温度检测：铂电阻；

(3) 燃点检测：CRC 热电偶；

(4) 信息储存：可存储 100 个测定结果；

(5) 点火方式：电点火；

(6) 冷却方式：强制风冷；

(7) 自检功能：检测测试头、杆、盖、风机等的运行；

(8) 功率：≤600VA；

(9) 使用电源：交流 220V±11V，频率 50Hz±2.5Hz；

(10) 环境温度：10~35℃。

四、实验器材

(1) ZHK302 型开口闪点全自动测定仪；

(2) 机械油、变压器油、煤油、柴油等可燃液体，酒精或清洗油；

(3) 烧杯、量筒、搅拌棒、清洗布等。

五、实验步骤

(1) 检查实验仪器是否完好。

(2) 接通电源，按显示器提示进行设定。

(3) 首先进入“方法选择”，根据实验具体要求进行 GB/T 261 的选择。确认后选择是否测试燃点。

(4) “预置温度”设定，按“△”或“▽”键设定温度，完毕按“确认”键返回主菜单(需对所测样品进行闪点的预估，设置温度与真实闪点值相差不应超过 20℃，相差过大所测结果不真实)。

(5) 打印设置。选择设置好后，按“确认”键返回主菜单。

(6) 将样品倒入样品杯中，容积不超过样品杯的 2/3，然后将样品杯放在加热器上。

(7) 在主菜单中选择“测试闪点”并按“确认”键，测试头自动降落到样品杯中开始测试。待出现闪点时，测试头自动抬起，显示闪点温度，声音提示，打印测试结果。如果选择了“测试燃点”，当闪点出现后继续升温，待出现燃点后，测试头抬起，点火杆回到左边，杯盖自动盖住样品杯，熄灭火焰。显示器显示闪点温度值、燃点温度值，打印测试结果。

(8) 测试完毕，待仪器冷却后，更换样品，按“确认”键进行第二次测试。如需要更改仪器设置，可按“△”键，返回主菜单进行更改。

六、实验数据记录与结果处理

气压：101. 3kPa。

方法：GB 267—1988。

图标举例如下。

实验数据记录见表 1. 2. 2。

表 1. 2. 2 实验数据记录

序号	样品名称	预置温度/℃	燃点值/℃	闪点值/℃
平均值	—			

七、实验注意事项

（1）仪器因有点火装置，须在通风橱内操作（不要开风机），防止外部气流造成测试误差。

（2）温度传感器由玻璃制成，使用时不要与其他物品相碰。

（3）每次换样品都要将样品杯清洗干净，加热桶内不要有其他物品放入，否则将无法进行实验。

（4）测试头部分为机械自动传动，切勿用手强制动作，否则将造成机械损伤。

（5）当仪器未能正常工作时，要及时与指导教师联系。

八、思考题

（1）理解闪燃、闪点、燃点的概念。

（2）测量闪点、燃点有何意义？

实验二　可燃性液体闭口闪点变化规律测定

一、实验目的

（1）通过实验直观认识可燃液体的闪点；

（2）明确闪点、燃点的实用意义，重点是闪点对可燃液体火灾的重要意义；

（3）掌握实验测量的原理和闭口杯测量闪点的方法及步骤；

（4）熟练使用闭口闪点全自动测量仪测量液体的闭口闪点，并掌握混合液体闭口闪点的变化规律。

二、实验原理

1. 开口闪点和闭口闪点

同一种物质，开口闪点总比闭口闪点高，因为开口闪点测定器所产生的蒸气能自由地扩散到空气中，相对不易达到闪火的温度。通常开口闪点要比闭口闪点高 20~30℃。

可燃液体水溶液的闪点会随水溶液浓度的降低而升高。如对乙醇而言，当乙醇含量为100%时，9℃即可发生闪燃，而含量降至 3%时则没有闪燃现象。利用此特点，对水溶性液体的火灾，用大量水扑救，降低可燃液体的浓度可减弱燃烧强度，使火熄灭。

2. 混合液体的闪点

纯组分可燃液体的闪点，可以通过查阅文献资料来获得。但是随着化学工业的不断发展及化工产品的多样化，许多行业在实际生产中常常大量使用混合可燃液体，如油漆、涂料、冶金、精细化工、制药等。这些行业场所的危险等级取决于混合液体的闪点，而混合液体的闪点随组成、配比的不同而变化，很难从文献上查得。需要实际测量混合闪点，为研究其变化规律提供依据。重质油使用过程中，即使混入少量轻组分油品，闪点也会降低。

可燃液体与可燃液体混合后的闪点，一般低于各组分闪点的算术平均值，并接近于含量大的组分的闪点。可燃液体与不可燃液体混合后的闪点，随不可燃液体含量的增加而升高，当不可燃液体含量超过一定值后，混合液体不再发生闪燃。

三、实验装置

ZHB202 型闭口闪点全自动测定仪如图 1. 2. 2 所示。

1. 仪器工作原理

ZHB202 型闭口闪点全自动测定仪按照 ASTM D93、GB/T 261—2021 方法规定的升温曲线加热，气点火时在温度接近闪点值时微机控制气路系统自动打开气阀、自动点火，当出

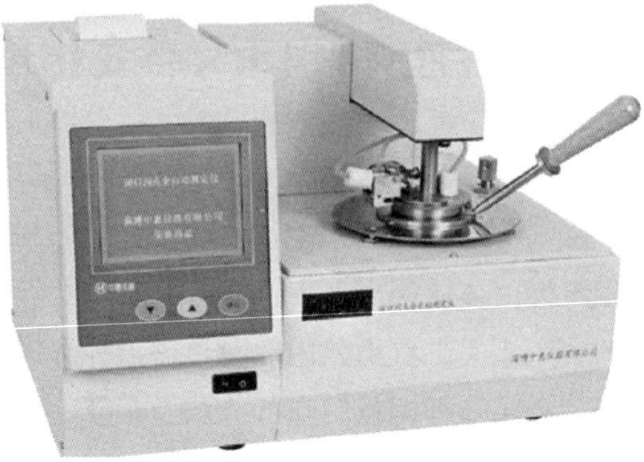

图 1. 2. 2　ZHB202 型闭口闪点全自动测定仪

现闪点时仪器自动锁定显示打印结果，同时自动对加热器进行冷却。电点火时无须使用气源和气路系统。

2. 仪器特点

(1) 温度超值自动停止检测。

(2) 自动送火、点火、报警、冷却。

(3) 自动打印实验结果，RS232C 标准接口。

3. 技术参数

(1) 测定范围：40~300℃。

(2) 准确度：≤104℃，±1℃；>104℃，±2℃。

(3) 电源：AC220V±5%。

(4) 频率：50Hz±2. 5%。

四、实验器材

(1) ZHB202 型闭口闪点全自动测定仪；

(2) 机械油、变压器油、煤油、柴油等可燃液体，酒精或清洗油；

(3) 烧杯、量筒、搅拌棒、清洗布等。

五、实验步骤

选取变压器油样品分别测定其闪点和燃点。

(1) 开机准备，检查所有连接是否正确无误，然后打开电源开关。

(2) 接通电源后，仪器测试头部分自动抬起，并有提示音，按显示器提示进行设定。

(3) 首先进入“方法选择”，根据实验具体要求进行 ASTM D93、GB/T 261—2021 和预测试的选择。确认后进入“点火方法”，选择方法 B(电点火)。确认返回主菜单。

(4) “预置温度”设定，按“△”或“▽”键设定温度，完毕按“确认”键返回主菜单(需对所测样品进行闪点的预估，设置温度与真实闪点值相差不应超过 20℃，相差过大所测结果不真实）。

（5）日期设定、大气压设定、打印设置等都是按“△”或“▽”键设定，选择后按“确认”键。

（6）仪器校验。按“△”或“▽”键，选择后按“确认”键。每个项目都要有响应“状态”，即“开”“关”的显示和机械动作，证明仪器正常。“参数”项目内的数据出厂时已调整好，不要随意改动，否则将影响样品测试结果。

（7）将样品杯用石油醚或汽油清洗干净，把样品倒入杯中至刻度线，将其放入仪器加热桶内。在主菜单中选择“测试闪点”项目，按“确认”键，测试头自动落下，测试开始。

（8）当测试到闪点值时，仪器测试头自动升起，锁定显示、报警，并打印结果。如果在测试中需要终止实验，可按两次“确认”键，即结束实验。

（9）当样品温度预置过低或样品温度过高时会自动结束实验，并在“状态”栏中显示“预置过低”或“样温过高”。

（10）当样品实验温度超过预置温度 50℃未发生闪点时，仪器会自动终止实验；当实验结束后需要返回主菜单时，按“△”或“▽”键。

六、实验数据记录与结果处理

气压：101. 3kPa。

方法：GB/T 261—2021。

图标举例如下：

实验数据记录见表 1. 2. 3。

表 1. 2. 3　实验数据记录

序号	样品名称	预置温度/℃	燃点值/℃	闪点值/℃
平均值	—			

七、实验注意事项

(1) 仪器因有点火装置，须在通风橱内操作(不要开风机)。

(2) 温度传感器由玻璃制成，使用时不要与其他物品相碰。

(3) 每次换样品要将样品杯清洗干净，样品加热桶内不要有其他物品放入，否则将无法进行实验。

(4) 测试头部分为机械自动传动，切勿用手强制动作，否则将造成机械损伤。

(5) 当仪器未能正常工作时，要及时与指导教师联系。

八、思考题

(1) 如何测试闭口闪点?

(2) 同一种物质的开口闪点与闭口闪点相比，哪一个更高?原因是什么?

实验三　可燃液体自燃点测定

一、实验目的

(1) 掌握自燃点的概念及可燃液体自燃点的测定原理；

(2) 了解自燃点测定仪的构造；

(3) 掌握二分查找法测定自燃点的方法。

二、实验原理

1. 基本概念

自燃：可燃物在空气中没有外来火源(火焰或火花)的作用，靠自热或外热而发生燃烧的现象。

自燃点：在规定的条件下，可燃物质产生自燃的最低温度。可燃物质发生自燃的主要方式：氧化发热、分解发热、聚热、吸附放热、发酵发热、活性物质遇水、可燃物与强氧化剂的混合。

影响液体、气体可燃物自燃点的主要因素有以下几种。

(1) 压力：压力越高，自燃点越低。

(2) 氧浓度：混合气中氧浓度越高，自燃点越低。

(3) 催化：活性催化剂能降低自燃点，钝性催化剂能提高自燃点。

(4) 容器的材质和内径：器壁的不同材质有不同的催化作用；容器直径越小，自燃点越高。

本实验测定的自燃点是物质在大气压下的空气中，没有外界着火源(如火焰或火花)帮助下，其易燃混合气体因氧化反应放出热量的速率高于热量散发速率而使温度升高引起着火的最低温度。

2. 实验操作原理

着火是燃烧的开始，实验中若观察到清晰可见的火焰和爆炸，且伴随着气体混合物温度的突然升高，则认为发生着火。本实验中用注射器将 0.05mL 的待测试样快速注入加热到一定温度的 200mL 开口耐热锥形瓶内，当试样在烧瓶内燃烧产生火焰(或烧瓶内气体温度突然上升至少 200℃)时，表明试样发生了自燃。

物质从加热到着火需要经过一定的时间，即着火延迟时间。实验中它是从试样加入烧瓶中到试样着火瞬间之间的时间。温度越高，着火延迟时间越短，理论上着火延迟时间趋向于无穷大时的温度为最低自燃温度。工业应用中通常要求着火延迟时间不大于 5min。如果可燃物质与空气混合物在一定温度下着火延迟时间大于 5min，则认为该温度低于该物质的自燃点，相反，则认为温度高于自燃点。因此，通过设定不同实验温度的重复实验可以确定自燃点的范围，当该范围足够小时将发生自燃现象时的最低温度，作为该试样在空气中大气压下的自燃点。

二分查找法：当数据量很大时适宜采用该方法。采用二分查找法时，数据须是排好序的。主要思想是：(设查找的数组区间为 array[low，high])(1)确定该期间的中间位置 k；(2)将查找的值 T 与 array[k]比较。若相等，查找成功返回此位置；否则确定新的查找区域，继续二分查找。区域确定如下：(1)array[k]>T 由数组的有序性可知 array[k，k+1，…，high]>T，故新的区间为 array[low，…，k−1]；(2)array[k]<T 类似上面查找区间为 array[k+1，…，high]。每一次查找与中间值比较，可以确定是否查找成功，不成功当前查找区间缩小一半。

三、实验设备结构

(1) 实验仪器：VZRD2000 液体自燃点测定仪，其结构示意如图 1.2.3 所示；注射器、烧杯、玻璃棒、吹风机。

(2) 实验试剂：机油、变压器油。

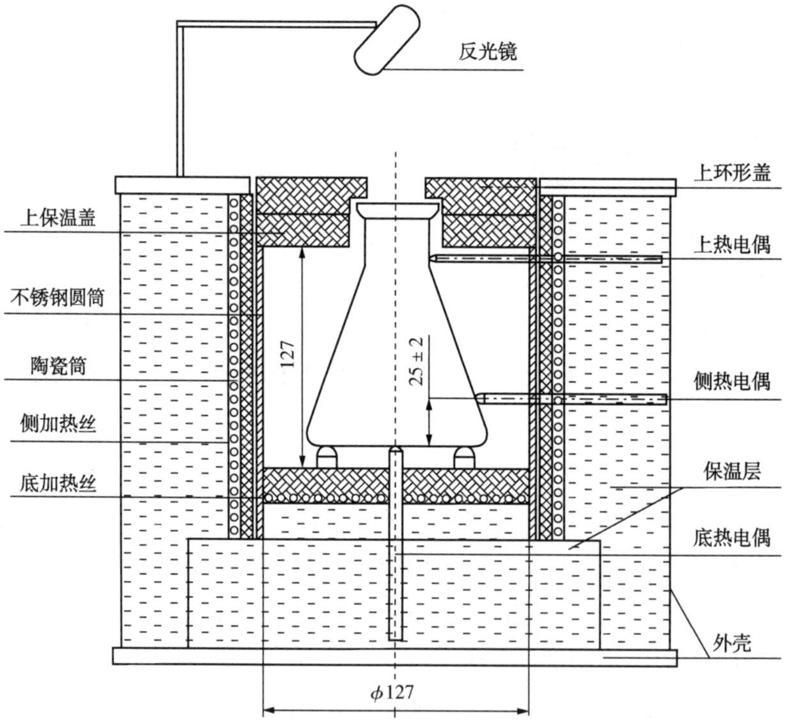

图 1.2.3　VZRD2000 液体自燃点测定仪结构示意

四、实验步骤

（1）实验前的准备。检查电路及注入系统等是否完好。准备好试样，液体试样应置于密闭容器中，当试样沸点接近室温时，要保证该试样注入锥形瓶前状态不变（测定有毒试样的引燃温度时，实验应在通风橱内进行）。

（2）调节温度。调节加热炉温度，使锥形瓶达到所要求的温度，并保证其温度均匀，且稳定 10min 左右。

（3）注入试样。用试样反复洗涤清洁的注射器，吸入 0.05mL 试样，以均匀的速度尽快使试样呈小滴状垂直注入锥形瓶的底部中心，然后立即抽出注射器，开始计时。整个操作要在 2s 内完成。注入时要避免沾湿瓶壁，应避免样品飞溅到四周瓶壁上。

（4）观察与计时。试样完全注入锥形瓶后立刻开始计时，当出现火焰和爆炸时，应立即停止计时，记录下对应的温度和引燃延迟时间。如没有发生上述现象，到 5min 时停止计时并终止实验。

（5）清洗锥形瓶。每次实验结束，用清洁、干燥的空气彻底吹出锥形瓶中的残余气体，如发现瓶内有吸附物，应及时更换干净锥形瓶。

（6）连续性实验。在不同温度下重复步骤（2）~（4）：

① 如果在初始设定温度下，试样在 5min 内没有着火，则转入下一步。如果在初始设定温度下，试样在 5min 内着火，则每次将温度降低 10℃进行实验，直至观察不到自燃现象为止，并记录此时的温度 T。

② 每次将温度升高 10℃进行实验，直到样品发生自燃为止，记录该温度为 T_1，并记录实验温度点中不发生自燃的最高温度为 T_0。

③ 将 T_1 降低 5℃，记录该温度为 T_2，并进行实验。如果发生自燃，则再降低约 2℃，记录该温度为 T_3，并进行实验。若自燃，则 T_3 确定为样品的自燃点，否则 T_2 确定为样品的自燃点。

④ 如果 T_2 下没有发生自燃，则升高约 2℃，记录该温度为 T_4。若自燃，则 T_4 确定为样品的自燃点，否则继续升高温度并重复测试，直到找到自燃点 T。

（7）确认实验。在下列温度点重复实验至少 2 次，若 T_3 被确定为样品的自燃点，则在 T_0、T_3 重复实验，并确认 T_0 温度下不自燃，T_3 温度下自燃；若 T_2 被确定为样品的自燃点，则在 T_2、T_3 重复实验，并确认 T_3 温度下不自燃，T_2 温度下自燃：若 T_4 被确定为样品的自燃点，则在 T_1、T_4 重复实验，并确认 T_4 温度下不自燃，T_1 温度下自燃。

（8）结束实验。取出锥形瓶并清洗、烘干。降低加热炉温度，关闭电源。处理未用完的实验样品。归还样品、器具，并清扫实验室。

五、实验数据及处理

已知 25 号绝缘变压器油自燃点为 350~400℃，润滑机油自燃点为 300~400℃，试根据步骤分别测出两种液体的自燃点。实验数据记录见表1.2.4。

表1.2.4 实验数据记录

环境温度：　　　　　　　　湿度：　　　　　　　　大气压：101.325kPa

液体名称	T/℃	T_0/℃	T_1/℃	T_2/℃	T_3/℃	T_4/℃	自燃点/℃
25号绝缘变压器油							
润滑机油							

六、注意事项

（1）开通通风系统，将物质分解挥发的气体排出室外；

（2）实验中要用反光镜来观察锥形瓶内是否出现火焰，不要将身体部位置于锥形瓶口上方，以免火焰或爆炸对身体造成伤害；

（3）注射器针头要紧固，以防掉入锥形瓶内；

（4）注射试样不要用力过猛，否则容易造成针头方向偏斜而将试样注射到瓶壁。

七、思考题

（1）测定自燃点的实际意义。

（2）自燃点对化工生产的影响。

实验四 燃气燃烧速度测定实验

一、实验目的

(1) 了解火焰传播速度 u_0、火焰行进速度 u_p 和来流(供气)速度 u_s 相互之间的关系;

(2) 掌握静压法(管子法)测定火焰传播速度的方法。

二、实验原理

火焰传播速度(即燃烧速度,单位时间内在单位火焰面积上所燃烧的可燃混合物的体积)是气体燃料燃烧的重要特性之一,它不仅对火焰的稳定性和燃气互换性有很大的影响,而且对燃烧方法的选择、燃烧器设计和燃气的安全使用也有实际意义。

在一定的气流量、浓度、温度、压力和管壁散热情况下,当点燃一部分燃气-空气混合物时,在着火处形成一层极薄的燃烧火焰面。这层高温燃烧火焰面加热相邻的燃气-空气混合物,使其温度升高,当达到着火温度时,就开始着火形成新的焰面。这样,焰面就不断向未燃气体方向移动,使每层气体都相继经历加热、着火和燃烧过程,即燃烧火焰锋面与新的可燃混合气及燃烧产物之间进行着热量交换和质量交换。层流火焰传播速度的大小由可燃混合物的物理化学特性决定,所以它是一个物理化学常数。

过量空气系数(即空气消耗系数 ϕ_{at})对火焰燃烧温度 T_f 的影响如图 1.2.4 所示,预热空气温度 T_S 对火焰燃烧温度 T_f 影响如图 1.2.5 所示,过量空气系数 ϕ_{at} 对火焰传播速度 u_0 的影响如图 1.2.6 所示。

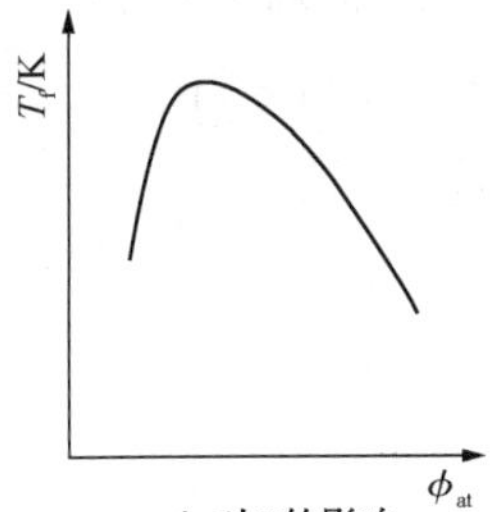

ϕ_{at}对T_f的影响

图 1.2.4

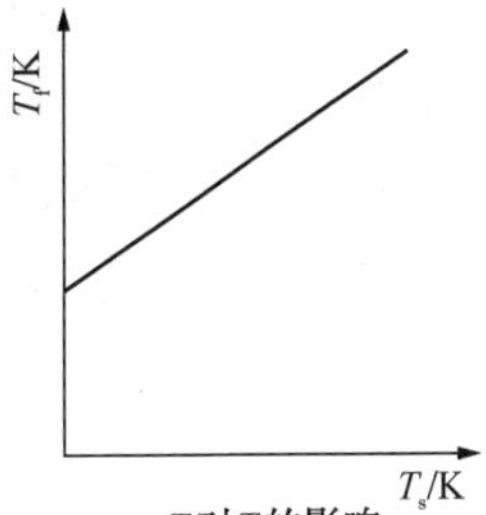

T_s对T_f的影响

图 1.2.5

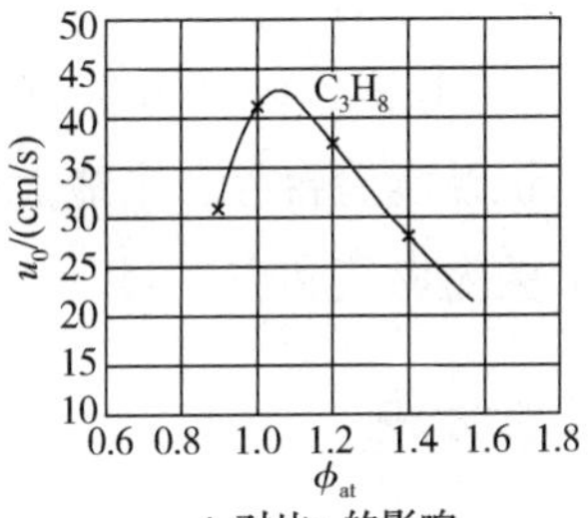

ϕ_{at}对比u_0的影响

图 1.2.6

三、实验仪器

实验设备为燃气燃烧速度测试实验台。实验台由石英玻璃管、旋涡气泵、一次稳压罐、气体转子流量计、膜盒式压力表、引射混合器、二次稳压罐、防回火器、调节阀等组成。旋涡气泵产生的空气通过泄流阀、一次稳压罐、调压阀、流量计后进入引射混合器,燃气经减压器、调压阀、流量计后在引射混合器中与空气预混合,再经二次稳压罐、防回火器,进入石英玻璃管进行燃烧实验。

四、测定步骤

（1）开启排风扇，保持室内通风，防止燃气泄漏对人员造成危害。

（2）启动旋涡气泵，直至压气机停止工作，保证储气罐有足够的空气量。

（3）打开空气（进气）总阀，按要求设定预混空气压力。

（4）开启丙烷气体开关阀，使燃气管充满丙烷气体，然后打开燃气（进气）总阀。

（5）稍开预混空气调节阀及燃气调节阀，使石英玻璃管内充满一定浓度的燃气-空气可燃混合物（参考参数：燃气流量 400mL/h；空气流量 $0.4m^3/h$）。

（6）用点火枪在石英玻璃管出口端点燃可燃混合气（注意点火枪不能直接对着玻璃管中心，防止流动的可燃混合气对点火花的吹熄）；如点火不成功，则重新调整燃气和空气的流量，保证可燃混合物处在着火浓度极限范围内，直至点火成功。

（7）观察石英玻璃管口的火焰形态。

（8）交替调节预混空气调节阀和燃气调节阀，使火焰呈预混合火焰的特征。

（9）微调空气阀和燃气阀，使可燃混合气流量微量减小，致使石英玻璃管口火焰锋面朝着可燃混合气一侧缓慢移动。当火焰锋面基本置于石英玻璃管中间段时，微量调节空气流量阀门，使可燃混合气流量微量增大。当燃烧速度等于可燃气的来流（供气）速度时，火焰行进速度等于零，此时，火焰锋面在空间驻定静止不动。

（10）管内的火焰特征，在有条件的情况下可以用数码相机或摄像机拍摄管内的火焰形状来记录。

（11）如果供气速度调节过大，会造成火焰脱火；反之，会造成回火而吹熄；此时重复（5）~（10）过程，直至燃烧火焰锋面在石英玻璃管中间段驻定而不移动（火焰锋面驻定参考参数：燃气压力 3.2kPa，流量 400mL/h；空气压力 0.75kPa，流量 $0.4m^3/h$）。

（12）记录实验台号，当地大气压，燃气、空气流量及压力。

（13）关闭燃气和空气阀门，整理实验现场。

五、思考题

（1）根据理想气体状态方程式（等温），将燃气和空气测量流量换算成（当地大气压下）石英玻璃管内的流量值，然后计算出混合气的总流量，求出可燃混合气在管内的流速 u_s（石英玻璃管内径 12.7mm）。由于火焰锋面驻定时 $u_p=0$，可以近似认为火焰传播速度 u_0 等于来流速度 u_s。

（2）静压法（管子法）观察到的火焰有哪些特征？为什么？

（3）过量空气系数（即空气消耗系数）和预热空气对火焰的燃烧速度、火焰传播速度有何影响？

（4）倘若石英玻璃管无限长且管内充满了可燃混合气，一端闭口，一端开口；在开口端点火，产生行进火焰，请叙述将会出现怎么样的燃烧现象？

实验五　可燃气体爆炸极限测定实验

一、实验目的

（1）理解爆炸极限的概念，弄清气体爆炸极限的影响因素及其一般规律；

（2）了解气体爆炸极限测试装置，掌握气体爆炸极限测试方法。

二、实验原理

可燃性物质与空气的混合物，只有在一定的浓度范围内才可以被点燃，可以发生燃烧的最大浓度和最小浓度称为爆炸极限，最大浓度和最小浓度之间的范围称为爆炸范围。可燃性物质能够发生燃烧的最小浓度称为爆炸下限，当可燃性物质的浓度小于爆炸下限时，由于可燃性物质的浓度不足，不能发生燃烧；可燃性混合物能够发生燃烧的最大浓度称为爆炸上限，当可燃性物质的浓度大于爆炸上限时，由于氧气的浓度不足，也不能发生燃烧。本实验是将可燃气体与空气按一定的比例混合，然后用电火花进行引燃，改变可燃气体浓度直至测得能发生爆炸的最低、最高浓度(爆炸上限、爆炸下限)。

点火中心位置与燃烧最大角度边界的夹角大于或等于90°表明混合气体可燃。如果燃烧角度大于90°，对于爆炸下限，减小可燃组分的体积比，对于爆炸上限，则增大可燃组分的体积比；若燃烧角度小于90°，对于爆炸下限，增大可燃组分的体积比，对于爆炸上限，则减小可燃组分的体积比。经过多次实验，直至燃烧角度非常接近90°。对于爆炸上限，取实验中能够爆炸的最高浓度和不能爆炸的最低浓度的平均值为爆炸极限；对于爆炸下限，取实验中能够爆炸的最低浓度和不能爆炸的最高浓度的平均值为爆炸极限。

三、实验装置

FL6000爆炸极限测试仪是依据ASTM E681和GB/T 21844设计的用于测试可燃气体、液体蒸气的装置。

FL6000可燃性测试系统的主要配置如下：

（1）配气系统——全自动化精准配气；

（2）燃烧系统——安全便捷点火；

（3）自动化控制和测试软件——自动控制抽真空、配气、搅拌、测温、控温、测压、点火等实验过程；

（4）摄像系统——记录点火后实验腔体内现象；

（5）实验气体——异丁烷。

实验装置原理如图1.2.7所示。

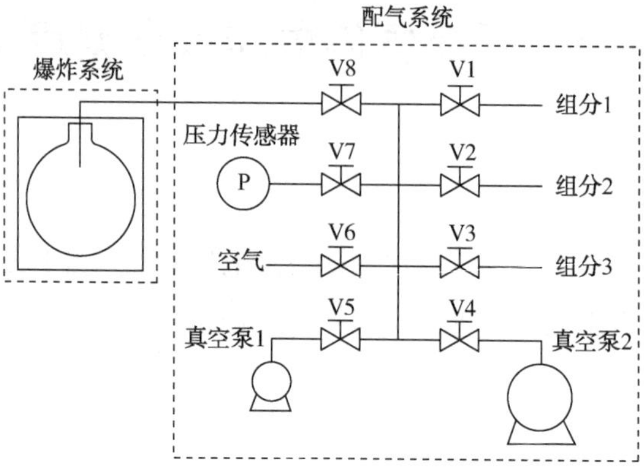

图 1.2.7 实验装置原理

四、实验步骤

(1) 连接设备，开启设备电源(位于右侧面)，检查管路气密性。

(2) 打开测试软件 Flammablity 2.0，进行软件设置。

(3) 系统抽真空：点击“Evacuate”按钮(或“操作步骤”中的“抽真空”)，系统开始对管路及容器抽真空，“Evacuate”按钮此时变为“Stop”，控制系统自动完成抽真空过程。

(4) 配气：在“组分数”中选择可燃气体种类数为 1；在“组分 A”输入框中输入可燃性气体的体积百分比；点击“Blend”按钮(或“操作步骤”中的“配气”)或直接按“Enter”键，程序自动计算出空气的比例，并且开始配气(系统自动进行配气，同时其他按钮变为不可操作。配气过程需要几分钟，配气完成后其他按钮恢复正常；配气只可自动结束，不可操作使其停止)。

(5) 搅拌：完成配气后，点击“Stir on”按钮(或“操作步骤”中的“搅拌”)，启动搅拌器，对混合气体进行自动搅拌；搅拌 5min 后再次点击上述按钮停止搅拌；搅拌完成后，松开固定瓶盖的弹簧，便于燃烧产生的高压力的释放。

(6) 点火并观察：打开摄像装置，调整好角度，开启摄像；手动按下点火安全保护开关，使开关处于“亮灯”状态；点击“Ignite”按钮(或“操作步骤”中的“点火”)，系统自动进行点火，点火时间为 0.4s；点火中心位置与燃烧最大角度边界的夹角大于或等于 90°表明混合气体可燃。

(7) 吹扫：点火后，无论点燃还是未点燃，都需要用空压机中的气体对反应容器进行吹扫。此时重复步骤(3)。

爆炸极限的确定：采用渐进法通过测试来确定爆炸极限值。

测定爆炸下限时，如果在某浓度下未出现爆炸现象，则增大可燃性气体的浓度直至测得能发生爆炸的最小浓度；如果在某浓度下发生爆炸现象，则减少可燃性气体浓度直至测得不能发生爆炸的最大浓度。

测定爆炸上限时，如果在某浓度下未出现爆炸现象，则减少可燃性气体的浓度直至测得能发生爆炸的最大浓度；如果在某浓度下发生爆炸现象，则增大可燃性气体浓度直至测得不能发生爆炸的最小浓度。

测量爆炸下限时所用样品改变量应满足每次不大于上次进样量的 10%，测量爆炸上限时所用样品改变量应满足每次不大于上次进样量的 2%。

通过重复(4)~(7)的操作，测得最接近爆炸和不爆炸两点的浓度，并按下式来计算爆炸极限值：

$$\varphi=\frac{1}{2}(\varphi_1+\varphi_2)$$

式中 φ——爆炸极限；

φ_1——爆炸浓度；

φ_2——不爆炸浓度。

五、注意事项

(1) 连接气体后，务必检测管路气密性是否良好；

(2) 务必确认系统设置中各参数设置正确，且重新开机后务必重新获取当地实时大气压；

(3) 配气过程为自动化过程，在此期间请勿执行其他操作；

(4) 若自动配气浓度与设定值偏差较大，必须重新对腔体抽真空后配气；

(5) 按下点火键后请勿用手触摸装置壳体，以免漏电造成人员伤亡；

(6) 当系统出现通信中断或界面终止等异常现象时，请重启主机和软件后重新操作；

(7) 点击工具栏中的“Setup”按钮(或菜单栏中“操作步骤”下拉菜单中的“设置”)，可设置点火时间；

(8) 除点火操作外，其他时刻必须保证点火安全保护开关处于“关”状态，以防止可能出现的意外情况；

(9) 点火操作过程，操作人员一定要与设备保持距离，以保证安全；

(10) 燃烧剧烈时瓶塞会被弹开，待表面的燃烧气体经通风橱排走后，打开燃烧室的门，盖好瓶塞。

六、实验数据记录与分析

利用该装置测得不同条件下可燃气体爆炸极限的结果见表 1. 2. 5。

所测气体：

表 1.2.5　实验数据记录

可燃气体爆炸极限	可燃气体体积分数/%	控制温度/℃	目测是否可燃
爆炸下限			
爆炸上限			

实验六　可燃物水平燃烧特性测试

一、实验目的

（1）明确 CZF-3 型水平垂直燃烧测定仪用于评价高聚物材料相对燃烧性的原理；

（2）了解 CZF-3 型水平垂直燃烧测定仪的结构和工作原理；

（3）掌握运用 CZF-3 型水平垂直燃烧测定仪测定的基本方法；

（4）掌握水平燃烧法评价材料的燃烧性能并分级。

二、实验原理

塑料燃烧性实验方法分为水平燃烧实验和垂直燃烧实验，是国际上常用的一种评价聚合物材料燃烧性能的实验方法。它是基于美国保险商实验室(Underwriters Laboratories Inc)的UL94 标准而设计的。在阻燃塑料产品的国际贸易中一般都要求达到 UL94 的相关评价标准。

水平垂直实验是在实验室内对水平和垂直方向放置的试样用小火焰点火源点燃后，测定试样的燃烧速度(水平)、有焰燃烧和无焰燃烧时间(垂直)，根据燃烧速度大小、燃烧时间长短来评价材料的燃烧性能及等级的实验。

三、实验步骤

1. 试样准备与安装

（1）试样准备：实验前，从试样的点燃端沿试样长度的 25mm 和 100mm 处，与试样长轴垂直，各画一条标线。

（2）试样安装：用夹具夹紧试样远离 25mm 标线的一端，使其长轴呈水平横截面轴线与水平方向成 45°。在试样下部约 300mm 处放一个水盘。

（3）将金属网水平地固定在试样下面，与试样最低棱边相距 10mm，并使金属网的前缘与试样自由端对齐。

（4）安装试样时，如果其自由端下垂，则将支承架支撑在试样下面，试样自由端应伸出支承架 20mm。支承架的夹持端应有足够间隙，使支承架能沿试样长轴方向朝两边自由移动。随着火焰沿试样向夹持端方向蔓延，支承架应以同样速度后撤。

2. 点燃本生灯

（1）将工业级甲烷或其他燃料气体的气源与本生灯接通。

（2）在离试样约 150mm 处点燃本生灯，调节燃气流量，使灯管在竖直位置时产生(20±2)mm 高的黄色火焰，然后打开空气进口阀，经调节确保本生灯产生(20±2)mm 高的蓝色火焰。

3. 点燃试样

（1）将火焰移到试样自由端较低的边上，使灯管中心轴线与试样长轴方向底边处于同一铅直平面内，并向试样端部倾斜，与水平方向约成45°（图 1.2.8），调整本生灯位置，使试样自由端(6±1)mm 长度承受火焰，并开始记录施焰时间。

（2）在保持本生灯位置不变的条件下，对试样施加火焰 30s，撤去本生灯。当施焰时间不足 30s、火焰前沿已达到 25mm 标线时，应立即移开本生灯，停止施焰。

（3）停止施焰后，若试样继续燃烧(包括有焰燃烧或无焰燃烧)，则应记录燃烧前沿从 25mm 标线到燃烧终止时的燃烧时间 t(单位 s)，并记录从 25mm 标线到燃烧终止端的烧损长度 L(单位 mm)。

注：如果燃烧前沿越过 100mm 标线，则记录从 25mm 标线至 100mm 标线间燃烧所需时间 t，此时烧损长度 L 为 75mm；如果移开点火源后，火焰即灭或燃烧前沿未达到 25mm 标线，则不计燃烧时间、烧损长度和线性燃烧速度。

重复上述步骤，测试三根试样。

以燃烧速度最大、燃烧长度最长的试样作为评定标准。

CZF-3 型水平垂直燃烧测定仪示意如图 1.2.8 所示。

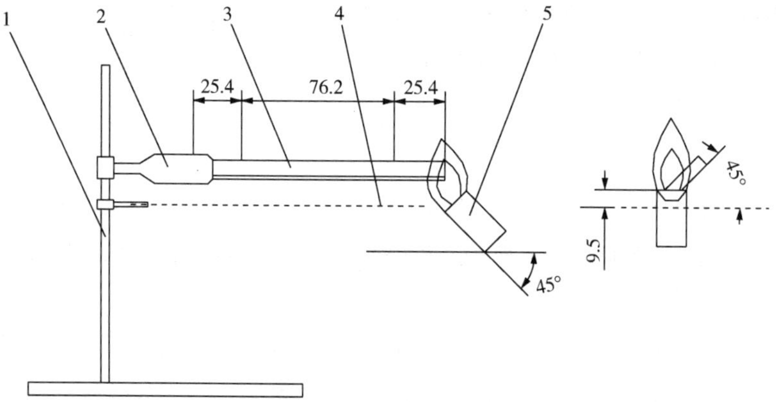

图 1.2.8　CZF-3 型水平垂直燃烧测定仪示意

1—支架；2—夹具；3—试样；4—金属丝网；5—点燃器

四、实验结果

1. 结果计算

每根试样的线性燃烧速度 V(mm/min)按式(1)计算：

$$V=\frac{60L}{t} \tag{1}$$

式中　V——线性燃烧速度，mm/min；

L——烧损长度，mm；

t——烧损 L 长度所用的时间，s；算三根试样线性燃烧速度的算术平均值。

2. 分级

材料的燃烧性能，按点燃后的燃烧行为，可分为下列四级(符号 FH 表示水平燃烧)。

(1) FH-1：移开点火源后，火焰即灭或燃烧前沿未达到 25mm 标线。

(2) FH-2：移动点火源后，燃烧前沿越过 25mm 标线，但未达到 100mm 标线。在 FH-2 级中，烧损长度应写进分级标志，如 FH-2-70mm。

(3) FH-3：移开点火源后，燃烧前沿越过 100mm 标线，对于厚度在 3~13mm 的试样，其燃烧速度不大于 40mm/min；对于厚度小于 3mm 的试样，燃烧速度不大于 75mm/min。在 FH-3 级中，线性燃烧速度应写进分级标志，如 FH-3-30mm/min。

(4) FH-4：除线性燃烧速度大于规定值外，其余与 FH-3 级相同。其燃烧速度也应写进分级标志，如 FH-4-60mm/min。

如果被试材料的三根试样分级标志数字不完全一致，则应报告其中数字最高的类级，作为该材料的分级标志。

五、实验仪器

CZF-3 型水平垂直燃烧测定仪可在同一台仪器内进行塑料水平燃烧和垂直燃烧实验，自动记录时间，具有自动化程度高、计时准确、自动显示测试结果等优点。

CZF-3 型水平垂直燃烧测定仪由燃烧室和仪器控制装置组成。仪器控制面板上有电源、复位、清零、不合格、返回、退火、运行、读出、选择、计时控制等开关。燃烧室由长明灯、火焰标尺、调节手柄、试样夹、金属筛网、承架等组成。

六、实验材料

(1) 材料：聚合物压延片、木片。

(2) 试样尺寸：长(125±5)mm、宽(13.0±0.3)mm、厚(3.0±0.2)mm，经有关各方协商，也可采用其他厚度。但最大厚度不应超过 13mm，并应在实验报告中注明。

(3) 试样数量：每组应制备 3~5 个标准试样。

(4) 外观要求：试样表面清洁、平整光滑，无影响燃烧行为的缺陷，如气泡、裂纹、飞边、毛刺等。

七、CZF-3 型水平垂直燃烧测定仪的操作(水平实验)

(1) 点燃本生灯并调节使之产生(20±2)mm 高的蓝色火焰，将本生灯倾斜 45°。

(2) 开电源，依次按下“复位”“返回”“清零”键，显示初始状态 P。

(3) 按“选择”键：显示“——F”？(用水平法吗？)。

(4) 按“运行”键：显示 A、dH，水平法的指示灯亮，表示选择水平法，进行第一个试样实验，装上试样。

(5) 试样准备完成后，按“运行”键将本生灯移至试样一端，对试样施加火焰。显示 A、

SYXXX、X，表示正在施加火焰，并以倒计数的方式显示施焰的剩余时间，此时可能出现两种情况：

1）当施焰时间剩余 3s 时，蜂鸣器响，提醒实验者准备下一步操作。施焰时间结束后，本生灯自动退回，显示 A、d-b?（火焰前沿到第一标线了吗?）此时可能有两种选择：

① 火焰未燃到第一标线即熄灭，按计时控制，立即再按计时控制，显示 b、dH，表明 A 试样符合最好的标准；

② 火焰前沿燃到第一标线时，按计时控制，显示 A、XXX、X，开始计时，可能有两种选择：

ⓐ 火焰前沿燃至第二标线，按计时控制，显示 b、dH，计时停止。此时实验者应记录实际燃烧长度为 75mm，以便于计算燃烧速度。

ⓑ 火焰在燃烧途中熄灭，按计时控制，显示 b、dH，计时停止。此时实验者记录实际燃烧长度，按式(1)计算燃烧速度。

2）施加火焰时间未到 30s，火焰前沿已燃到第一标线，按退火，本生灯退回，“<30s”灯亮，时间计数器开始自动计数，显示 A、XXX、X，以上出现的两种情况分别用ⓐ和ⓑ步骤。

（6）当完成 A 试样测试后需要继续做 B 试样实验时，请安装试样并点火，重复操作。

（7）当一组实验结束后，仪器显示 END，这时可用读出键连续读出各试样的实验参数。

注意：

在每一个试样实验完毕后，如需读出实验数据，可依次按读出键，显示第某个试样的数据，直至显示 dc-End；表明可读的信息读出过程中，如“<30s”指示灯亮，表明试样的施焰时间小于 30s。

在各试样实验参数读出并加以记录之前，禁止按清零键，以免数据丢失。

八、实验数据记录与结果处理

（1）实验数据记录见表 1.2.6。

表 1.2.6　水平实验记录

水平实验						
实验次数		1	2	3	4	5
施焰时间 = 30s	火焰前沿燃到第一标线					
	火焰前沿燃到第二标线					
	实际燃烧长度/mm					
	燃烧时间/s					
	燃烧速度/(mm/min)					
施焰时间<30s，已经燃到第一标线						
其他实验记录						

注：第三、四、七行记录指燃烧是否达到标线，未达到的记“×”，达到的记“○”。

（2）数据处理：根据上述实验数据计算试样的平均值。

（3）材料性能评价：根据结果评价材料的燃烧性能。

（4）预做实验报告：

① 胶合板样品实验数据见表 1.2.7。

表 1.2.7 胶合板样品实验数据

水平实验						
实验次数		1	2	3	4	5
施焰时间 = 30s	火焰前沿燃到第一标线	○	○	○		
	火焰前沿燃到第二标线	×	×	×		
	实际燃烧长度/mm	75	75	75		
	燃烧时间/s	182	208	196		
	燃烧速度/(mm/min)	24.7	21.6	23		
施焰时间<30s，已经燃到第一标线						
其他实验记录	试样尺寸为：125mm×13mm×2mm 燃烧较为缓慢平稳，火焰较小，火焰高度约为 15mm，有成炭现象					

$$V=(24.7+21.6+23)/3=23.1(\mathrm{mm/min})$$

根据分级标准，火焰前沿超过 100mm 标线，材料厚度小于 3mm，速度不大于 75mm/min，该种材料应判定级别为 FH-3-23.1mm/min。

② 汽车塑料脚垫实验数据见表 1.2.8。

表 1.2.8 汽车塑料脚垫实验数据

水平实验						
实验次数		1	2	3	4	5
施焰时间 = 30s	火焰前沿燃到第一标线	○	○	○		
	火焰前沿燃到第二标线	×	×	×		
	实际燃烧长度/mm	75	45	48		
	燃烧时间/s	65	33	35		
	燃烧速度/(mm/min)	69.2	81.8	82.3		
施焰时间<30s，已经燃到第一标线						
其他实验记录	试样尺寸为：125mm×13mm×1.5mm 试样较柔软，燃烧过程中有卷曲变形，伴有浓烟，成炭现象严重，有刺激性气味产生					

$$V=(69.2+81.8+82.3)/3=77.8(\mathrm{mm/min})$$

根据分级标准，移开点火源后，燃烧前沿越过 100mm 标线，对于厚度小于 3mm 的试样，燃烧速度大于 75mm/min，该种材料应判定级别为 FH-4-77.8mm/min。

实验七　本生灯法测定火焰法向传播速度

一、实验目的

（1）巩固火焰传播速度的概念，掌握本生灯法测量火焰传播速度的原理和方法；

（2）测定可燃气体的层流火焰传播速度；

（3）掌握不同的气/燃比对火焰传播速度的影响，测定出不同燃料百分数下火焰传播速度的变化曲线。

二、实验原理

层流火焰传播速度是燃料燃烧的基本参数。测量火焰传播速度的方法很多，本实验装置是用动力法即本生灯法进行测定的。

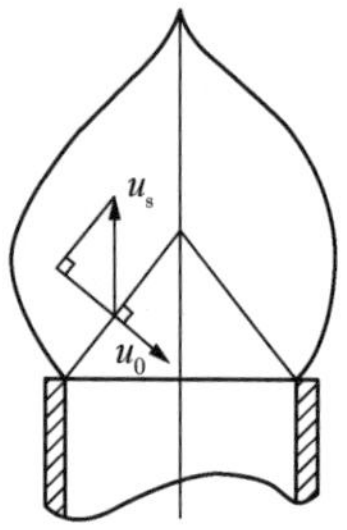

图 1.2.9　火焰传播速度测试原理

正常法向火焰传播速度定义为在垂直于层流火焰前沿面方向上，火焰前沿面相对于未燃混合气的运动速度。在稳定的 Bensun 火焰中，内锥面是层流预混火焰前沿面。在此面上某一点处，混合气流的法向分速度与未燃混合气流的运动速度即法向火焰传播速度相平衡，才能保持燃烧前沿面在法线方向上的燃烧速度（图 1.2.9），即：

$$u_0 = u_s \times \sin\alpha$$

式中　u_s——混合气的流速，cm/s；

α——火焰锥角之半。

或

$$u_0 = 318\,\frac{q_v}{r\sqrt{r^2+h^2}}$$

式中　q_v——混合气的体积流量，L/s；

h——火焰内锥高度，cm；

r——喷口半径，cm；

318——阻尼系数(常数)。

上式是使用本生灯火焰高度法测定可燃混合气体的层流火焰传播速度 u_0 的计算式。在我们的实验中，可燃混合气体的体积流量 q_v 是用浮子流量计分别测定燃气与空气的单位体积流量而得到的，内锥焰面底部圆的半径 r 可取本生灯喷口半径；内焰锥高度 h 可由测高尺测量。

三、实验装置

实验台由本生灯、旋涡气泵、浮子气体流量计、U 形管压差计、测高尺等组成。旋涡气泵产生的空气通过泄流阀、稳压罐、流量计、调压阀后进入本生灯，燃气经减压器、气体流量计、防回火器、调压阀后进入本生灯与空气预混合，点燃后通过测量内焰锥高度计算火焰的传播速度。

四、实验步骤

(1) 启动旋涡气泵，调节风量使本生灯出口流速约为 0.6m/s，并由流量计读出空气流量约为 $0.32m^3/h$，压力 0.14kPa(读数仅作参考)。

(2) 由以上空气流量，可粗略地估算出一次空气系数 α_1 约为 0.8、0.9、1.0、1.1、1.2 时的燃气流量。

(3) 开启燃气阀，调整燃气流量分别为上述 5 个计算值的近似值(流量值由流量计读出约在 $0.028m^3/h$，压力 0.35kPa，读数仅作参考)。

(4) 缓慢调节空气和燃气流量，当火焰稳定后，分别由流量计测出燃气与空气的体积流量；由测尺测出火焰内锥高度(从火焰底部，即喷口出口断面处到火焰顶部间的距离)。为减少测量误差，对每种情况测三次，然后取平均值。

(5) 记录室温，计算出 u_0 值。

五、实验数据记录与分析

(1) 根据理想气体状态方程式(等温)，将燃气和空气测量流量换算成(当地大气压下)喷管内的流量值，然后计算出混合气的总流量，求出可燃混合气在管内的流速 u_s，并求出燃气在混合气中的百分数。

(2) 计算出火焰传播速度 u_0，将有关数据填入表 1.2.9 内。

实验仪器名称及编号：

表 1.2.9　实验数据记录

<table>
<tr><td colspan="13">室温：　　℃　　　当地大气压：　　kPa　　　喷管口半径：　　cm
可燃气体种类：</td></tr>
<tr><td rowspan="2">序号</td><td colspan="2">燃气测量值</td><td colspan="2">空气测量值</td><td colspan="2">折算流量</td><td rowspan="2">总流量
q_v/(L/s)</td><td rowspan="2">燃气
体积
百分数</td><td rowspan="2">气流出口
速度
u_s/(cm/s)</td><td rowspan="2">火焰传播
速度
u_0/(cm/s)</td><td rowspan="2" colspan="2">火焰高度/
cm</td></tr>
<tr><td>压力</td><td>流量</td><td>压力</td><td>流量</td><td>燃气</td><td>空气</td></tr>
<tr><td rowspan="4">1</td><td rowspan="4"></td><td rowspan="4"></td><td rowspan="4"></td><td rowspan="4"></td><td rowspan="4"></td><td rowspan="4"></td><td rowspan="4"></td><td rowspan="4"></td><td rowspan="4"></td><td rowspan="4"></td><td>1</td><td></td></tr>
<tr><td>2</td><td></td></tr>
<tr><td>3</td><td></td></tr>
<tr><td>平均</td><td></td></tr>
</table>

续表

序号	燃气测量值		空气测量值		折算流量		总流量 q_v/(L/s)	燃气体积百分数	气流出口速度 u_s/(cm/s)	火焰传播速度 u_0/(cm/s)	火焰高度/cm	
	压力	流量	压力	流量	燃气	空气						
2											1	
											2	
											3	
											平均	
3											1	
											2	
											3	
											平均	
4											1	
											2	
											3	
											平均	
5											1	
											2	
											3	
											平均	
6											1	
											2	
											3	
											平均	

六、思考题

（1）LPG 气体的最大火焰传播速度是多少？对应的燃气百分数是多少？误差如何？

（2）应选定 Bensun 火焰的哪个面为火焰前沿面？为什么？

实验八　固体燃料表面燃烧温度测量实验

一、实验目的

（1）测量材料从受热开始到发生燃烧，直至燃烧结束全过程中的表面温度变化；

（2）掌握连续记录温度的热电偶测温方法及原理；

（3）由实验确定一些材料的特征燃烧参数。

二、实验原理

1. 材料的点燃温度

木材、聚合物等固体可燃材料在火灾辐射热流的作用下单面受热后，表面温度开始升高，达到一定温度时开始发生分解，挥发出可燃气体，而后发生点燃形成气相火焰。当发生点燃时，材料表面温度会发生突跃，根据温度变化曲线上的突跃点或转折点可以确定材料的点燃温度。通常，材料的点燃温度为材料燃烧的一个特征温度，可表征材料的火灾特性及危害。在相同的气流条件和点燃方式下，点燃温度一般只是材料的特征参数。

2. 热电偶的测温原理及使用

（1）原理

将两种金属导线构成一闭合回路，如果两个接点的温度不同，就会产生一个电势差称为温差电势。如在回路中串接一个毫伏表，则可粗略显示该温差电势的量值(图 1.2.10)，这一对金属导线的组合就称为热电偶温度计，简称热电偶。

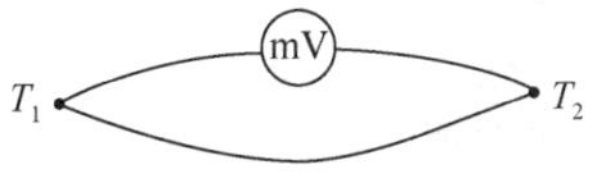

图 1.2.10　热电偶示意图

实验表明，温差电势 E 与两个接点的温度差 ΔT 之间存在函数关系。如其中一个接点的温度恒定不变，则温差电势只与另一个接点的温度有关：$E=f(T)$。通常将其一端置于标准压力 p^{θ}下的冰水共存体系中。那么，由温差电势就可直接测出另一端的摄氏温度值。在要求不高的测量中，可用锰铜丝制成冷端补偿电阻。

（2）特点

热电偶作为测温元件有以下优点。

① 灵敏度高。

如常用的镍铬－镍硅热电偶的热电系数达 40μV/℃，镍铬－考铜的热电系数更高达 70μV/℃。用精密的电位差计测量，通常均可达到 0.01℃的精度。如将热电偶串联组成热电堆(图 1.2.11)，则其温差电势是单对热电偶电势的加和，选用较精密的电位差计，检测

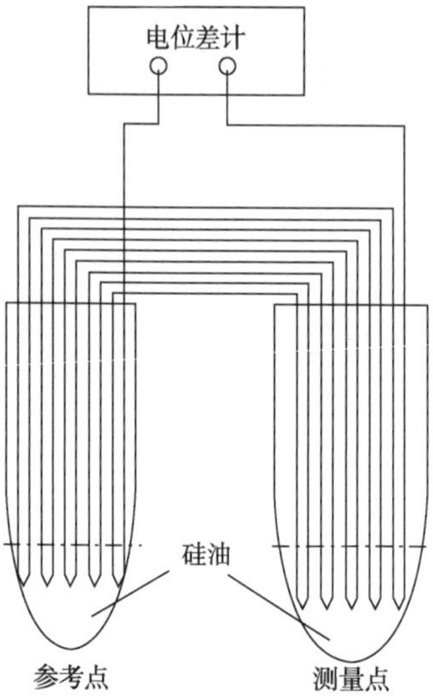

图 1.2.11　热电堆示意图

灵敏度可达 10^{-4}℃。

② 复现性好。

热电偶制作条件的不同会引起温差电势的差异。但一支热电偶制作后，经过精密的热处理，其温差电势-温度函数关系的复现性极好，由固定点标定后，可长期使用。热电偶常被用作温度标准传递过程中的标准量具。

③ 量程宽。

热电偶的量程受其材料适用范围的限制。

④ 非电量变换。

温度的自动记录、处理和控制在现代的科学实验和工业生产中是非常重要的。这首先要将温度这个非电参量变换为电参量，热电偶就是一种比较理想的温度-电量变换器。

（3）种类

热电偶的种类繁多，各有其优缺点。表 1.2.10 列出几种国产热电偶的主要技术指标。

表 1.2.10　几种国产热电偶的主要技术指标

类别	型号	分度号	使用温度/℃		热电势允许偏差		偶丝直径/mm
			长期	短期			
铂铑 10-铂	WRLB	LB-3	1300	1600	0~600℃	>600℃	φ0.4~0.5
					±2.4℃	±0.4%t	
铂铑 30-铂铑 60	WRLL	LL-2	1600	1800	0~600℃	>600℃	φ0.5
					±3℃	±0.5%t	
镍铬-镍硅	WREU	EU-2	1000	1300	0~400℃	>400℃	φ0.5~2.5
					±2.5℃	±0.75%t	
镍铬-考铜	WREA	EA-2	600	800	0~400℃	>400℃	φ0.5~2
					±2.5℃	±0.75%t	

注：t 为实测温度值，单位℃。

除此以外，套有柔性不锈钢管的各种铠装热电偶也已日益普及。管内装有 ϕ1mm 的偶丝，长度可按需要自行截取，剥去铠装使热电丝露出绞合后焊接即可。

（4）测量

热电偶的测量精度受测量温差电势的仪表制约。直流毫伏表是一种最简便的测温仪表，可将表盘刻度直接标成温度读数。该方法精度较差，通常为±2℃左右。使用时整个测量回路中总的电阻值应保持不变，最好是对每支热电偶及其所匹配的毫伏表做校正。

数字电压表量程选择范围可达 3~6 个数量级。它可以自动采样，并能将电压数据的模拟量值变换为二进位值输出。数据可输入计算机，便于与其他测试数据综合处理或反馈以控制操作系统。数字电压表的测试精度虽然很高，但它的绝对量值需做标定。

温差电势的经典测量方式是使用电位差计以补偿法测量其绝对值。

（5）标定和校正

热电偶的温差电势 E 与温度值 T 之间关系的标定，一般不是按内插公式计算，而是采用实验方法以列表或工作曲线形式表示。标定时通常以水的冰点作参考温度，再根据所需工作范围选择固定点进行标定。测量时应确保热电偶两端处于各自的热平衡状态。标定后的热电偶通称为标准热电偶。

工作热电偶常用标准热电偶校正。通常是将它和标准热电偶一起放在某一恒温介质中，逐步改变恒温介质的温度，在热平衡状态下测量一系列温度下的温差电势，做成工作曲线。

三、实验仪器

K 型热电偶，DaqPRO 5300 数据采集系统，锥形量热仪，实验样品盒。

四、实验材料

木材、纸板等材料，长宽各 10mm、厚度 2~10mm；石棉垫、铝箔、直尺、剪刀等。

五、热电偶与 DaqPRO 5300 数据采集系统

1. DaqPRO 操作步骤

（1）将电热偶从通道 1 开始，按顺序依次接入相应的界限端子上，如只使用一个热电偶，则必须把它连接到输入通道 1；

（2）按“ON”按钮，打开仪器，约 3s 后自动进入主菜单屏幕，按“►”按钮选定图标 ，再按回车按钮 ，进入设置菜单；

（3）利用前进“►”和后退“◄”箭头按钮选择输入通道 1 的传感器，选择“Thermocouple J”选项，接着按下回车按钮，箭头光标将移动到第二个输入通道；

（4）选择完传感器之后，按下“ESC”按钮，箭头光标将指向速率命令；

（5）利用前进“►”和后退“◄”箭头按钮设置速率为“RATE = Every sec”；

（6）接着按下回车按钮和前进“►”和后退“◄”箭头按钮，分别将样本数和显示类型设置为“SAMPLES = 1000，DISPLAY = numeric”；

（7）设置完毕后，将光标移至“START”处，按下前进箭头按钮“►”开始记录数据；

（8）记录结束后，按“ESC”按钮停止记录，或者按“OFF”按钮，关闭仪器。

注意事项：

（1）首次使用 DaqPRO 或者仪器电量不足时，请在关闭状态下充电 10~12h。

（2）热电偶具有不同的极性，接线时应以正确的极性连接它们。

（3）正式实验时，在主菜单屏幕选定图标，按按钮即开始记录数据。

（4）操作过程中，按下“OFF”按钮不会删除样本内存。存储在内存中的数据可以最多保留 5 年的时间。

2. DaqLab 软件的操作步骤

（1）安装 DaqLab 软件，将 DaqPRO 连接到电脑，打开 DaqPRO，插入电热偶，运行 DaqLab 软件。

（2）单击工具条上的运行按钮开始记录数据。

（3）数据记录完毕后，单击工具条上的停止按钮“STOP”随时停止数据记录。

（4）实验数据可通过直接点击保存按钮，保存所有的数据集和图形，也可以通过点击菜单栏中“File→Export Project to Excel”，将项目保存为 Excel 电子表格的形式。

六、实验步骤

（1）开启通风系统，开启锥形量热仪并调节锥形加热器温度以到达指定的辐射热流，并记录热流值。

（2）制作实验样品(同锥形量热仪实验)，记录样品尺寸、质量、颜色、材料及其他特征。

（3）选择热电偶，并调试数据采集系统或软件。

（4）将样品(预先装好在样品盒内)、热电偶都安置好，使热电偶与样品表面接触。

（5）开启记录温度数据的同时打开锥形加热器、点火器(点燃后移开点火器)。

（6）燃烧结束后，关闭锥形加热器，撤下样品盒及热电偶，结束软件记录，检查所记录数据，并导出数据。

（7）实验结束后打扫样品、废弃材料等垃圾，请指导老师或实验员关闭锥形量热仪、通风、检查水电等，离开实验室。

（8）进行实验数据处理，绘制所测试的温度曲线并确定点燃特征温度，编写实验报告。

实验九　液体燃烧速度测定

一、实验目的

(1) 通过实验直观认识可燃液体的燃烧过程；

(2) 掌握实验测量可燃液体燃烧速度的原理和方法；

(3) 熟练掌握可燃液体燃烧速度的不同表示法和应用。

二、实验原理

可燃液体一旦着火并完成液面上的传播过程，就进入稳定燃烧状态。液体的稳定燃烧一般呈水平面的“池状”燃烧形式，也有一些呈“流动”燃烧的形式。池状燃烧的燃烧速度有两种表示方法，即线速度和质量速度。

(1) 燃烧线速度 v(mm/h)：单位时间内燃烧掉的液层厚度。

可以表示为：

$$v = H/t$$

式中　H——液体燃烧掉的厚度，mm；

t——液体燃烧所需时间，h。

(2) 质量燃烧速度 G[kg/(m²·h)]：单位时间内单位面积燃烧的液体的质量。

可以表示为：

$$G = g/st$$

式中　g——燃烧掉的液体质量，kg；

s——液面的面积，m^2。

(3) 液体质量燃烧速度与线速度关系：

$$G = g/s \times V/H = \rho V/1000 (g/sH——kg/m^3)$$

三、实验装置及样品

图 1.2.12 所示为液体燃烧速度测定装置示意图，测定时，容器和滴定管中都装满可燃液体，液体因燃烧而逐渐下降，但可利用滴定管逐渐上升而多出的液体来补充烧掉的液体，使液面始终保持在 0-0 线上。记录下燃烧时间和滴定管上升的体积，即可算出可燃液体的燃烧速度。

实验样品可选：乙醇、煤油等。

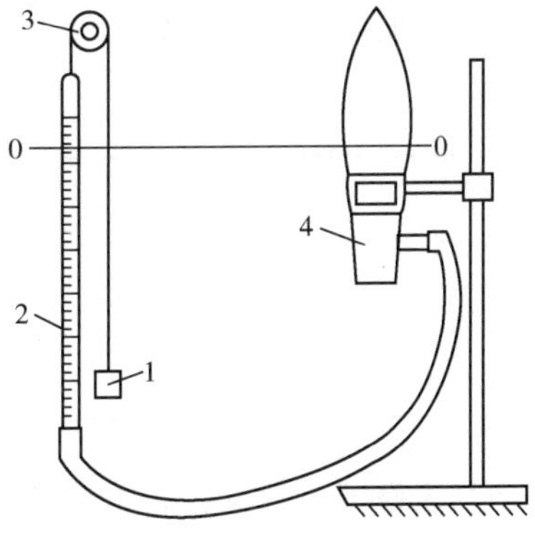

图 1.2.12　液体燃烧速度测定装置示意图

1—重锤；2—滴定管；3—滑轮；

4—直径为 62mm 的石英容器

四、实验步骤

(1) 连接好燃烧装置，检查有无泄漏、不稳固的连接等不安全状况，确定装置处于稳定状态。

(2) 用量筒量取 50mL 可燃液体通过小漏斗倒入滴定管内，水平读数，确定滴定管内液体为 50mL。

(3) 按照设定好的实验计划，用油笔在石英杯上量取设定体积或者设定液位高度的位置画上细线，作为刻度线 1。记录下设定高度值。

(4) 用烧杯和量筒量取适量预定体积的可燃液体倒入石英燃烧杯中(满杯，半杯，少于半杯等)，并记录所倒入可燃液体的体积 V 和石英杯内液体的高度 H。

(5) 调整连通管的位置，使连通管内液位维持在距离管上端 5cm 左右处，管内液体在操作过程中不能泄漏，滴定管下端口插入连通管内，但不要与液面接触，保持 1~2cm 的距离。实验中滴定管必须始终保持垂直状态且稳固。

(6) 调整连通管，使管内液面在操作过程中始终保持垂直状态。

(7) 用油笔在石英杯上和连通管的液面处，画上细刻度线 1。

(8) 测定石英杯满杯可燃液体条件下，燃烧消耗 50mL 可燃液体的理论燃烧速度 V_1、线速度、质量速度。

(9) 测定石英杯半杯可燃液体条件下，燃烧消耗 50mL 可燃液体的理论燃烧速度 V_2、线速度、质量速度。

(10) 测定石英杯液位下降 3.5cm(刻度线 2)时，燃烧消耗可燃液体的理论燃烧速度 V_3、线速度、质量速度。

五、实验数据记录与结果处理

实验数据记录见表 1.2.11。

表 1.2.11　实验数据记录

数据记录				
现象记录				
操作记录				
实验总结				

绘制表格记录数据，并将计算过程写入实验报告内。

六、实验注意事项

(1) 操作过程中不得打闹。

（2）小心仔细不要将易燃液体沾染或泼洒在人身和衣物及实验台附近，严禁易燃液体的泼洒、溅落等泄漏行为。

（3）注意燃烧杯附近不得有可燃物。

七、思考题

（1）不同测定方法所得液体燃烧速度是否相同？为什么？

（2）通过实验对液体燃烧速度的理解有何认识？两种表示方法如何应用？

实验十　燃烧烟气场分布测量实验

一、实验目的

(1) 掌握用热线风速仪测量受限空间出口处气流流速和温度的方法；

(2) 明确测量有限空间出口处气流流速和温度对室内火灾的指导意义。

二、实验原理及方法

室内火灾问题包含了火灾发展的全部要素，“室内”代表发生火灾时能够控制基本空气供给和热环境的任何受限空间。这些因素控制了火焰传播和火势增长、最大燃烧速率及其持续时间。室内火灾的研究主要涉及三方面的基础，即流体动力学、传热学和燃烧学。

热诱导下的浮力作用使流场表现出分层流动特征，对绝大多数室内流场产生重要影响。强大的浮力控制了火灾中的流动。室内火灾的流型如图 1.2.13 所示。

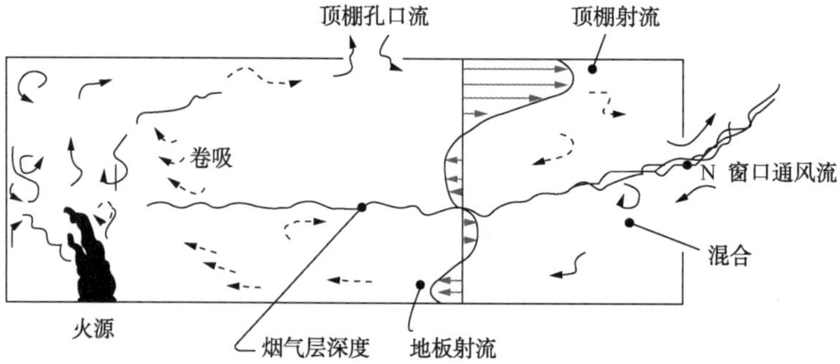

图 1.2.13　室内火灾的流型

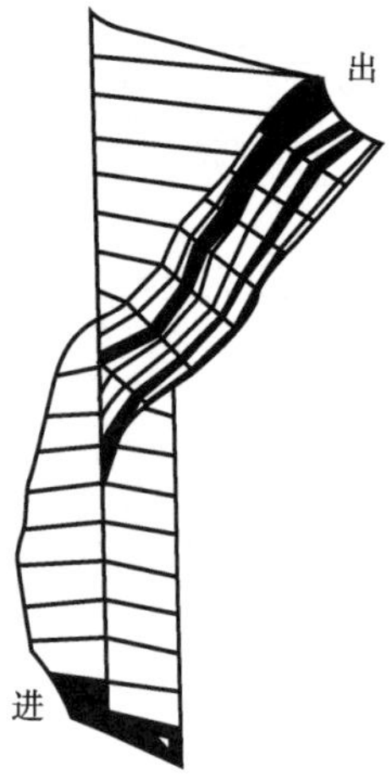

图 1.2.14　典型单室火灾时测得的门口流场

许多情况下因密度差引起的隔墙开口处的流体流动可以描述为类似孔口的流动。对于通过水平隔墙的流动，压力变化接近零时流动不稳定，会出现摇摆不定的双向流。在这种情况下，存在一个充溢压力，在该压力以上会产生单向伯努利流。

典型单室火灾时测得的门口流场如图 1.2.14 所示。

1. 热式风速计测量原理

热式风速测量探头，是基于热耗散理论设计而成的。当被加热物体表面有气流通过时，气流将带走一部分物体表面的热量，使物体表面温度下降。通过调节电路增加流过物体的电流，可保持物体表面温度恒定。增加的电流与气流的流速呈正比关系。当用热式风速测量探头测量紊流流速时，测量结果将受来自各个方向气流影响。因此紊流流速的测量值要比单方向气流的测量值高。

2. 风温测量原理

温度传感器的电阻温度系数与温度是呈正比关系的。通过修正温度传感器的测量温度与风温，可测量出准确的风温。

3. 压力测量原理(KA31)

本仪器使用扩散硅半导体压力传感器来测量压力。

三、实验材料和装置

(1) KANOMAX 热式风速计 KA22；

(2) 可燃液体(乙醇、煤油、柴油、混合油等样品可供选择)，燃烧室、坩埚、点火器等。

热式风速计主要性能指标见表 1.2.12。

表 1.2.12　热式风速计主要性能指标

品名		热式风速计
型号		
测试对象		常温常压下洁净的空气流
测试范围(分辨率)	风速	VL：0.00~4.99m/s(0.01m/s)
		VH：5.0~50.0m/s(0.1m/s)
	风温	0.0~99.9℃(0.1℃)
	压力	
测试精度	风速	VL：0.00~4.99m/s　±2%FS(风温在 18~28℃范围内)
		VH：5.0~50.0m/s　±2%FS(风温在 18~28℃范围内)
	风温	±1℃
	压力	
应答性	风速	约 2s
	风温	约 30s(风速 5m/s 以上)
		约 60s(风速 1m/s±10%)
	压力	
温度补偿精度		VL：0.00~4.99m/s　±5%FS(风温在 5~80℃范围内)
		VH：5.0~50.0m/s　±5%FS(风温在 5~80℃范围内)
测试机能		1. 用一个按钮循环选择测试方法； 2. 具有数据保持和慢速测试功能
使用环境	本体	0~45℃
	探头	0~100℃
	保存温度	-20~60℃

四、实验步骤

打开电源的转换开关 ON/OFF，进入低风速(VL)测试画面。

1. 风速测试与注意事项

(1) 将探头电缆接入本机，打开电源开关，可直接测试 VL 档风速。

(2) 如果 LCD 上部有“OVER”标识出现，说明测试的风速超出当前量程的测试范围。这时可以根据标识左右的箭头来更换量程。左边箭头出现，表示测试风速低于当前量程下限。右边箭头出现，表示测试风速高于当前量程上限。

(3) 风速测试时，要将探头的风向点正对着来风方向。在测试接触不到的地方，可使用随机附带的探头延长棒。

注意：请勿用手捏压探头的金属网，以免造成变形，导致风速精度降低。本机具备对风速的温度补偿功能；把探头的金属网朝向风向，选定本机的风温档，就可以读出温度值。

2. 测量步骤

(1) 在坩埚内放置足够的燃料，置于燃烧室内(多种情况：正对门方向紧靠室内壁处、正对门方向室内中心、室内最里角等)，调节燃烧室门的尺寸。记录油量的体积、高度、尺寸(用于计算燃烧速度，衡量燃烧过程)，燃烧室门尺寸的大小。

(2) 点燃样品，保证燃料在稳定燃烧的情况下，用热式风速仪在室门口距离相同的位置测量不同高度的气流的温度和流速(注意方向)，同时记录点燃到测量开始的时间段。记录不同高度(h)的气流的温度(T)和速度(V)，以高度为纵坐标做出温度场-高度、速度-高度的曲线图。

(3) 分别测定多种情况下：正对门方向紧靠室内壁处、正对门方向室内中心、室内最里角等，不同时间段，不同测试高度的流场和温度场，并进行对比得出结论。

五、实验数据的记录和结果处理

根据记录的数据：不同高度(h)的气流的温度(T)和速度(V)，以高度为纵坐标做出温度场-高度、速度-高度的曲线图。

由图分析有限空间内室门处烟气和空气流动情况，说明对燃烧过程的影响并给出解释。

六、思考题

(1) 研究室内火灾的流场有什么意义？

(2) 影响室内火灾流场的因素有哪些？

实验十一　可燃物燃烧产物的烟气分析

一、实验目的

(1) 明确测量烟气产物的意义，掌握烟气测量的实验原理；

(2) 通过实验掌握测量燃料燃烧烟气产物的方法；

(3) 熟练使用 M-9000 型燃烧分析仪测量燃料燃烧过程中生成的烟气成分；

(4) 通过分析燃烧过程中烟气成分随时间的变化规律，深刻认识烟气的危害。

二、实验原理

在火灾事故中，烟气是致人死亡的主要元凶，可达火灾死亡人数的50%~80%。燃料燃烧，会释放出大量的烟气，烟气中含有大量有毒有害的气体，如 CO、N_xO_y、SO_2等，同时消耗大量的氧气，造成环境缺氧。当烟气中的含氧量低于正常所需的数值时，人的活动能力减弱、智力混乱，甚至晕倒窒息；当烟气中各种有毒气体的含量超过人正常生理所允许的最低浓度时，就会造成中毒死亡。CO 气体极易与血液中的血红蛋白结合，使血红蛋白失去携氧功能，导致细胞缺氧中毒；NO 气体对中枢神经系统有明显损害，且易引起高铁血红蛋白病；NO_2气体有很强的刺激性，易引起肺损伤；SO_2气体呈酸性，对呼吸道有刺激性，易引起呼吸道疾病。

同时，烟气的减光性影响人员的安全疏散和火灾的施救，导致人的直视距离急剧缩短，使人员迷失方向，心理上产生恐慌。不同燃料燃烧，释放出的烟气成分也不同，火灾危险性也随之不同，相应的安全疏散、人员逃生和消防救援等措施必然也不同。此外，在燃烧过程中，烟气成分还会随着时间的推移而改变，点燃、燃烧和熄灭等各个阶段的产物成分会有所改变。

因此明确了解烟气成分，不仅能够准确掌握各种燃料燃烧时释放出的产物组成，有助于燃料燃烧过程的理论研究，还对火灾事故中的安全疏散、人员逃生和消防救援等多方面的指导给予更为安全的实际参考，具有非常重要的理论意义和实际意义。表 1.2.13 给出的是人体对几种气体的耐受极限值。

表 1.2.13　人体对几种气体的耐受极限值

有害环境和气体	环境中最大允许浓度	致人麻木极限浓度	致人死亡极限浓度
O_2	—	14%	6%
CO_2	5000ppm	10000~30000ppm	70000ppm
CO	50ppm	2000ppm	13000ppm
NO_2	5ppm	—	240~775ppm
SO_2	5ppm	—	400~500ppm

工业上烟气的测量与分析，广泛用于控制工业排放、生产过程气体检测、锅炉的设计和调试等多个方面，能够对工厂设计、过程管理等，如火焰控制、燃烧温度、周边空气供应和燃料的选择等，具有实用、多效的实际作用。

三、实验仪器及参数

M-9000 型燃烧分析仪是一种小型便携、快速分析、测量烟气成分的新型分析仪器，可同时测量排烟温度、烟气中的氧(O_2)、一氧化碳(CO)、二氧化硫(SO_2)、一氧化氮(NO)、二氧化氮(NO_2)、微压(ΔP)等参数，计算二氧化碳(CO_2)、氮氧化物(N_xO_y)、空气过剩系数(α)、$\alpha=1$ 时的一氧化碳值、燃烧效率(η)等。M-9000 型燃烧分析仪主要性能参数与测量范围见表 1.2.14。

表 1.2.14　M-9000 型燃烧分析仪主要性能参数与测量范围

主要性能参数	测量范围
氧(O_2)	0~25%
一氧化碳(CO)	0~4000ppm
二氧化硫(SO_2)	0~5000ppm
一氧化氮(NO)	0~1000ppm
室温(T_0)	-20~50℃
温差(ΔT)	0~600℃
压力(ΔP)	0~6000Pa
CO′($\alpha=1$)	0~9999ppm
二氧化碳(CO_2)	0~20%(计算值)
二氧化氮(NO_2)	0~1500ppm(计算值)
氮氧化物(N_xO_y)	0~1500ppm(计算值)
燃烧效率(η)	0~99.9%(计算值)
空气过剩系数(α)	1~20.00(计算值)

四、实验装置及材料

M-9000 型燃烧分析仪、计算机、多通道数据采集仪；燃烧器、点火器、烧杯、量筒、铁架台或支撑架、钢尺、清洗布、火柴等；混合油、机械油、煤油等燃料。

五、实验步骤

1. 仪器准备

(1) 检查实验仪器是否完好，开启计算机，打开操作软件，并新建一个文件。

(2) 打开通风设施。

(3) 准备及开启。安装取样探头，将取样探头置于空气中。按开关(ON/OFF)键开启仪器。

(4) 自校。按“△”或“▽”键选择“自校”或“功能选择”，按“⏎”键确定。光标指向自校时，按“⏎”键，仪器就进入自校状态，采用倒计时来计量。自校时间为1min。自校完成后仪器进入测量状态。

(5) 功能选择。当光标指向“功能选择”时，按“⏎”键，仪器将进入“功能选择”菜单。在功能选择菜单内可对仪器参数和功能进行选择和设定。

(6) 测量。自校完成后仪器进入测量状态。燃烧仪显示屏可直接读出 O_2、CO、SO_2、NO 及烟温度等测量参数的实时测量值。

2. 样品准备

(1) 测量燃烧容器的尺寸：顶端直径 d_1、底端直径 d_2、高度 h_0(如果形状特殊，须记录特殊尺寸)，记录数据应能计算出不同体积液体的体积。

(2) 用量筒量取200mL、300mL燃料置于燃烧器内，测量液面直径 d，液面深度 h_1，液面至容器顶端深度 h_2。

(3) 安装取样探头，用点火器(自制点火器蘸少量酒精，火柴点燃)点燃燃料(注意施焰时间，点燃后撤离点火器)，记录点燃时间 $t_{点燃}$。点燃时开启数据同步采集，开始点火至燃料着火即为该燃料的点燃时间。

(4) 调节取样探头高度正好位于火焰上方的烟气内，当火焰稳定后，将探头使用铁架台或其他支撑材料固定住，记录探头高度 H。

(5) 燃料燃烧时计算机同步记录燃烧烟气中成分变化情况。仔细观察燃烧现象并记录特殊现象 No. 1、No. 2……及对应的时间点 t_1、t_2……，如火焰颜色的变化、火焰高度的改变、火焰形状、烟气颜色、火焰突然增大的时间点、火焰突然减小的时间点，并根据现场情况解释可能的原因。

(6) 本次实验结束，换另一种燃料重复做实验，注意观察燃烧现象特别是释放出的烟气的不同，同时做记录。

(7) 实验结束，停止采集数据。

(8) 关闭烟气分析仪。关闭通风、水电等。

(9) 将实验数据交由老师检查后，打扫完卫生，方可离开，否则实验平时成绩视为不及格。

六、实验数据记录与结果处理

U盘拷贝出数据，将数据导入excel软件中，绘制参数对时间的曲线图并分析烟气温度、烟气中不同成分浓度随时间的变化，得出合理的结论。

注意：作图必须标准化，时间以 s 为单位，起点为 0、图表名称、坐标轴名称和参数单位符合国际标准制单位要求。

比较不同燃料、不同量燃烧烟气成分的变化及浓度的变化，对燃料的烟气危险性做出总结和比较结论。实验数据记录见表 1. 2. 15。

表 1. 2. 15　实验数据记录

燃料名称	混合油				
燃烧器顶端直径 d_1		燃烧器底端直径 d_2		燃烧器高度 h_0	
液面直径 d		液面深度 h_1		液面至容器顶端深度 h_2	
点燃时间 $t_{点燃}$		探头高度 H		火焰高度	
燃烧现象及烟气变化记录					
t_1	No. 1		分析原因		
t_2	No. 2		分析原因		
t_3	No. 3		分析原因		
t_4	No. 4		分析原因		
t_5	No. 5		分析原因		
t_6	No. 6		分析原因		
实验总结：					

七、使用维护与日常维护

（1）当仪器连续测试超过 1h 时，请将仪器取样管与脱水器进口脱开，使仪器抽吸空气约 10min，这样可以延长传感器的使用寿命，同时还可以对仪器进行自校，以保证测量数据精确。

（2）仪器在使用中注意对脱水器进行检查，及时排出脱水器中冷凝水。

（3）脱水器还具有除尘、过滤的作用，因此必须注意观察，一旦滤芯污染、堵塞应及时排水或更换滤芯。

（4）仪器在使用过程中，不可使探头浸入液体，吸入仪器。对被测气中含有大量水分的烟气，仪器进气口最好能再增加脱水装置。液体进入仪器会造成传感器失效。

八、预做实验报告

以废柴油作为实验对象，按前述实验步骤测量其燃烧过程中的一些参数。

实验十二　可燃液体火灾热波传播速度的测定

一、实验目的

(1) 通过实验直观认识可燃液体的池火燃烧过程，理解油罐火灾的燃烧过程；
(2) 掌握重质油品燃烧时热量在液层中的传播特点；
(3) 掌握实验测定热波传播速度的操作方法和原理；
(4) 明确热波传播速度是扑救重质油品火灾时的重要参数。

二、实验原理

可燃液体的火灾蔓延，有池火形式。在油池火灾中，一般常用油面下降的速度表示油池火的燃烧速度(单位时间单位面积上的燃料消耗量)。沸程较宽的混合液体主要是一些重质油品，如原油、蜡油、沥青、润滑油等，由于没有固定的沸点，在燃烧过程中，火焰向液面传递的热量首先使低沸点组分蒸发并进入燃烧区燃烧，而沸点较高的重质部分则携带在表面接受的热量向液体深层沉降，形成一个热的锋面向液体深层传播，逐渐深入并加热冷的液层。这一现象称为液体的热波特性，热的锋面称为热波。

热波的初始温度等于液面的温度，等于该时刻原油中最轻组分的沸点。随着原油的持续燃烧，液面蒸发组分的沸点越来越高，热波的温度会由150℃逐渐上升到315℃，比水的沸点高得多。热波在液层中向下移动的速度称为热波传播速度，它比液体的直线燃烧速度快。在已知某种油品的热波传播速度后，就可以根据燃烧时间估算液体内部高温层的厚度，进而判断含水的重质油品发生沸溢和喷溅。因此，热波传播速度是扑救重质油品火灾的重要参数。

三、实验装置及样品

自制自组装装置：燃烧筒(带盖)、多个高灵敏度热电偶、多通道数据采集仪、电脑记录、点火器、连接线。将热电偶固定在燃烧筒不同高度的位置，连接数据采集仪、热电偶、电脑、混合油。

四、实验步骤

(1) 连接好燃烧装置，检查有无泄漏、不稳固的连接等不安全状况，确定装置处于稳定状态。

(2) 倒入混合油前，对燃烧筒的尺寸做详细测量，热电偶和采集仪通道检查没有问题，方可实验，否则会由于通道初始连接问题导致数据记录失败。判断热电偶位置处于设定高度位置上。偏离误差不可过大。

（3）根据油量，预估混合油的燃烧时间和下降高度，以便实验中做对比判断。

（4）倒入混合油，记录油面的尺寸和油层高度。

（5）点燃混合油，同时采集数据进行记录。

（6）燃烧过程中观察燃烧现象并详细记录油层温度变化与现象之间的关系。

（7）根据数据记录的温度值，判断热波出现的可能时间，计算推导燃烧时间和热波传播速度。

（8）测试完毕后，用燃烧筒盖盖住燃烧筒使其自熄，不要立即拿开观测液面下降高度，须等燃烧筒内油温下降后方可观测。

（9）记录实验中所有可能记录的数据点和现象。

（10）观测消耗油量后，用测温计测量油温，进行下一轮实验：半桶混合油燃烧，初始温度为高温条件下混合油层温度变化的测定。

五、实验数据记录与结果处理

实验数据记录见表 1.2.16。

表 1.2.16　实验数据记录

数据记录				
现象描述				
总结				

六、实验注意事项

（1）远离火源，预防喷溅和沸溢。

（2）因燃烧时间较长，通风橱必须一开始就打开。

（3）实验过程中门不得关闭，相邻燃烧筒的窗户关闭。

（4）卷帘门半关足够观察现象即可。

（5）一旦发生火灾，立刻用灭火器灭火。

（6）实验完毕后用燃烧筒盖盖住燃烧筒，不要立即拿开观测液面下降高度，以防突发复燃，造成人员伤亡。

七、思考题

（1）什么是热波？什么是热波传播速度？

（2）测量热波传播速度有什么重要意义？

第三章 环境参数测定实验

“环境参数测定实验”是安全工程本科专业核心实践课程的重要组成部分，本课程依据国家本科专业建设标准，结合安全工程领域的实际需求而设计。课程旨在通过系统的实验训练，使学生掌握环境参数测定的基本理论、方法和操作技能，培养学生的科学实验素养和创新能力。实验内容涵盖了环境温度、湿度、噪声、电磁辐射、热辐射、大气污染、VOCs 监测等多个方面的参数测定，既有基础性实验，也有综合性和设计性实验，体现了从基础到专业、从简单到复杂的教学理念。

在实验操作过程中，学生将学习使用各种先进的环境监测仪器，如温湿度计、声级计、电磁辐射计、热辐射计等，进行精确的数据采集。同时，课程注重实验数据的处理和分析，要求学生能够独立完成实验报告的撰写，包括实验目的、原理、步骤、结果及讨论等环节。此外，课程还强调实验安全教育，确保学生在实验过程中的安全。

通过本课程的学习，学生不仅能够获得环境参数测定的实际操作经验，还能够增强对环境安全重要性的认识，为将来在安全工程领域的工作打下坚实的基础。“环境参数测定实验”作为连接理论与实践、课堂与现场的桥梁，对于提高学生的实践能力和解决实际环境问题的能力具有重要意义。

实验一　噪声测量实验

一、实验目的

（1）掌握声压级的测量方法；

（2）掌握噪声的测量方法。

二、实验原理

声音是大气压上的压强波动，这个压强波动的大小简称为声压，以 p 表示，其单位是 Pa（帕）。从刚刚可以听到的声音到人们不堪忍受的声音，声压相差数百万倍。显然用声压表达各种不同大小的声音实属不太方便，同时考虑了人耳对声音强弱反应的对数特性，用对数方法将声压分为百十个等级，称为声压级。

声压级的定义是：声压与参考声压之比的常用对数乘以 20，单位是 dB（分贝）。其表达式为：

$$L_p = 20\log\frac{p}{p_0}$$

式中，p 为声压，p_0是参考声压，它是人耳刚刚可以听到的声音。值得注意的是两个声压级或多个声压级相加不是 dB 的简单算术相加，是按照对数的运算规律相加。

声压级只反映声音的强度对人耳的响度感觉的影响，而不能反映声音频率对响度感觉的影响。利用具有一个频率计权网络的声学测量仪器，对声音进行声压级测量，所得到的读数称为计权声压级，简称声级，单位为 dB。声学测量仪器中，模拟人耳的响度感觉特性，一般设置 A、B 和 C 三种计权网络。声压级经 A 计权网络后就得到 A 声级，用 L_A表示，其单位计作 dB（A）。经大量实验证明，用 A 声级来评价噪声对语言的干扰，对人们的吵闹程度以及听力损伤等方面都有很好的相关性。另外，A 声级测量简单、快速，还可以与其他评价方法进行换算，所以是使用最广泛的评价尺度之一。如金属切削机床通用技术条件规定：高精度机床噪声容许小于 75dB（A）；精密机床和普通机床噪声容许小于 85dB（A）。

实际测量中，除了被测声源产生噪声，还有其他噪声存在，这种噪声叫作背景噪声。背景噪声会影响到测量的准确性，需要对结果进行修正。粗略的修正方法是：先不开启被测声源测量背景噪声，然后再开启声源测量，若两者之差为 3dB，应在测量值中减去 3dB，才是被测声源的声压级；若两者之差为 4～5dB，减去数应为 2dB；若两者之差为 6～9dB，减去数应为 1dB；当两者之差大于 10dB 时，背景噪声可以忽略。但如果两者之差小于 3dB，那么最好是采取措施降低背景噪声后再测量，否则测量结果无效。

测量环境中风、气流、磁场、振动、温度、湿度等因素都会给测量结果带来影响。特别是风和气流的影响。当存在这些影响时，应使用防风罩或鼻锥等测量附件来减少影响。

声级计一般都是由传声器单元、放大分析单元、显示仪表单元三大部分组成。

（1）传声器单元。传声器单元由传声器和前置放大器组成。传声器是将声信号转换成电信号的换能器，要求频率范围宽、频率响应平直、失真小、动态范围大，尤其是稳定性要好。前置放大器起阻抗变换作用，要求具有输入阻抗高、输出阻抗低的特点，以便与长延伸电缆连接。

（2）放大分析单元。放大分析单元应具有放大器和频率计权网络等。放大器电路将来自传声器单元的微弱信号进行放大以达到一定幅度，要求有一定的放大量、一定的动态范围、频率范围宽等，并确保放大器在整个测量范围内均不失真地反映输入信号的大小变化，以保证测量的准确性和可靠性。计权网络是用有电网络来模拟人耳的响度感觉特性。国家规定了三条曲线对应不同的响度级，其中 A 计权是模拟人耳对 40 方纯音的响应，B 计权是模拟人耳对 70 方纯音的响应，C 计权是模拟人耳对 100 方纯音的响应。由于 A 计权网络测量的噪声声级值较为接近人耳对噪声的感觉，因此在噪声测量中往往用 A 声级来表示噪声级的大小。有些声级计中还有 D 计权，主要是用于航空噪声的测量。

（3）显示仪表单元。包括检波电路、指示器电路等。检波电路是将来自交流放大器的对应于交流的信号进行检波，使直流放大器输出对应于被测声级的线性变化的直流电压。检波电路有峰值、平均值和有效值检波电路，声级测量中，用得最多的是有效值检波电路。声级计测量的结果都在指示器上指示出来，指示器有模拟指示器和数字指示器两种。指示电路还应具有“快”和“慢”时间计权特性。

三、实验仪器

本实验所用仪器为 TES-1357 噪音计，该仪器符合国际 IEC 651 或 GB/T 3785.1—2023 Ⅱ型仪器的要求。能实现一般声级测量并具有最大声级保持功能，其主要技术指标见表 1.3.1。

表 1.3.1　TES-1357 噪音计技术指标

适用标准	国际委员会 IEC Pub 651 Type2/美国国家标准 ANSI S1.4 Type 2
准确度	±1.5dB(ref 94dB @ 1KHz)
数字显示	4 位数
A 加权测量范围	30～130dB
C 加权测量范围	35～130dB
量测档位	30～80dB、50～100dB、60～110dB、80～130dB
频率响应	31.5Hz～8KHz
频率加权特性	A 特性和 C 特性
动态特性时间加权	快速和慢速

续表

麦克风	1/2 英寸极化电容式麦克风
数字显示	4 位数 LCD，0.1dB resolution，updated every 0.5s
AC/DC 信号输出	2Vrms/每档满刻度，10mV/dB
过载指示	“OVER”“UNDER”符号表示
模拟刻划显示	每一刻划代表 1dB，取样率为 20 次/s
电源	1.5V 3 号电池 4 节或直流 6V 100mA 电源转换器
电池寿命	约 20h
操作温湿度	5~40℃，10%~90% RH
外形尺寸	265(长)×72(宽)×21(高)mm，(10.4″L×2.8″W×0.8″H)
重量	约 310g
附件	使用手册、电池、手提携带盒、调整棒、海绵球、3.5f 耳机插头

TES-1357 噪音计各部分名称见图 1.3.1。

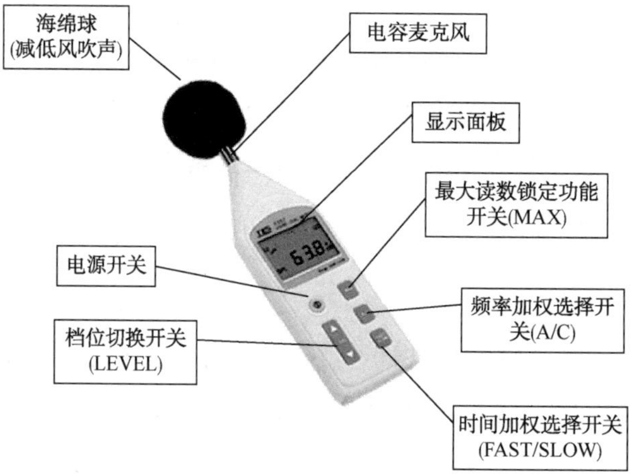

图 1.3.1　TES-1357 噪音计各部分名称

实验仪器操作步骤：

(1) 按下电源开关；

(2) 按下档位切换开关(LEVEL)“▲”或“▼”，选择合适的档位测量现在的噪声，以显示面板中不出现“UNDER”或“OVER”符号为准(已调至 50~100dB，一般不用再调)；

(3) 切换频率加权选择开关(A/C)，使显示面板中 dB 上方出现“A”，即为 dBA；

(4) 切换时间加权选择开关(FAST/SLOW)，选择 FAST；如要取得噪声量的最大值，可按“MAX”键。

四、实验内容和步骤

(1) 每 1~4 人为一组，选择合适的测量区域如各教学区、体育场、宿舍楼、校内道路、校门口、饭堂等，确定测点位置，各区域测点数自由选择，总测点数为 3 处。

(2) 每隔 5s 读一瞬时 A 声级，每次每个测点应连续读取 100 个数据。将数据填入表 1.3.2。

按照下式计算各测点的等效连续声级 $L_{\mathrm{Aeq,T}}$。

$$L_{\mathrm{Aeq,\ T}} = 10\lg\left[\sum_{i=1}^{n} 10^{0.1L_{\mathrm{PA}i}}\right] - 10\lg n$$

式中　n——每个测点的数据个数；

$L_{\mathrm{PA}i}$——瞬时 A 声级。

(3) 按照计算结果在毫米方格纸上绘制噪声污染柱状图。横坐标为测量地点，纵坐标为等效连续声级。

表 1.3.2　实验数据记录

测量区域：________ 测量点编号：________ 测量时间：________				

续表

测量区域：________　测量点编号：________　测量时间：________				

（4）根据城市区域噪声标准 GB 3096—2008《声环境质量标准》(表 1.3.3)进行噪声评定。

表 1.3.3　城市区域噪声标准　　dB(A)

类别		昼间	夜间
0		50	40
1		55	45
2		60	50
3		65	55
4	4a	70	55
	4b	70	60

各类标准的适用区域：

0 类声环境功能区：指康复疗养区等特别需要安静的区域。

1 类声环境功能区：指以居民住宅、医疗卫生、文化教育、科研设计、行政办公为主要功能，需要保持安静的区域。

2 类声环境功能区：指以商业金融、集市贸易为主要功能，或者居住、商业、工业混杂，需要维护住宅安静的区域。

3 类声环境功能区：指以工业生产、仓储物流为主要功能，需要防止工业噪声对周围环境产生严重影响的区域。

4 类声环境功能区：指交通干线两侧一定距离之内，需要防止交通噪声对周围环境产生严重影响的区域，包括 4a 类和 4b 类两种类型。4a 类为高速公路、一级公路、二级公路、城市快速路、城市主干路、城市次干路、城市轨道交通(地面段)、内河航道两侧区域；4b

类为铁路干线两侧区域。

五、注意事项

(1) 选择测量区域时要充分考虑测量时的安全性，不能离开校区。

(2) 测量要求传声器离地面 1.2m，并远离其他反射机构。

(3) 使用仪器时要小心，不可掉在地上。

六、数据处理

环境噪声是随时间而起伏的无规律噪声，因此测量结果一般用统计值或等效声级来表示，本实验用等效声级表示。等效声级反映在声级不稳定的情况下，人实际所接受的噪声能量的大小，它是一个来表达随时间变化的噪声的等效量。要求注明实验时间、地点及环境状况，绘出所测区域的噪声分布图，给出该区域的噪声评定结论，并对该区域产生的噪声进行分析。

七、问题讨论

(1) 噪声信号是如何转换成电信号的?

(2) 若要了解噪声对人体健康的影响，如何选择测点位置?

(3) 怎样准确地消除背景噪声的影响?

八、实验报告

实验报告要素需要齐全，包括目的、原理、仪器、内容步骤、数据处理、问题讨论。原理、仪器从简，重在后面三步。

实验二　大气环境总悬浮颗粒物测定

一、实验目的

（1）了解大气中悬浮颗粒物（TSP）的来源与危害，熟悉其理化特性参数、采样与浓度测定的方法；

（2）通过测定 TSP 浓度，评估空气质量，了解空气中悬浮颗粒物的污染程度；

（3）通过 TSP 的测定，学生可更好地理解颗粒物的来源、分布、迁移和转化规律。

二、实验原理

目前测定空气中 TSP 含量广泛采用重量法，其原理是：以恒速抽取定量体积的空气，使之通过采样器中已衡重的滤膜，则 TSP 被截留在滤膜上，根据采样前后滤膜重量之差及采气体积计算 TSP 的浓度。该方法分为大流量采样器法和中流量采样器法。本实验采用中流量采样器法。

三、仪器和材料

（1）中流量采集器。

（2）分析天平：称量范围≥10g，感量 0.1mg。

（3）恒温恒湿箱：箱内空气温度 15～30℃可调，控温精度±1℃；箱内空气相对湿度控制在（50±5）%。

（4）玻璃纤维滤膜。

（5）镊子、滤膜袋（或盒）。

四、实验步骤

（1）滤膜准备：首先检查滤膜是否有针孔或其他缺陷，然后放在恒温箱中于 15～30℃任一点平衡 24h，并在此平衡条件下称重（精确到 0.1mg），记下平衡温度和滤膜重量，将其平放在滤膜袋或盒内。

（2）采样：取出称过的滤膜平放在采样器采样头内的滤膜支持网上（绒面向上），用滤膜夹夹紧。以 100L/min 流量采样 2.5h，记录采样流量和现场的温度及大气压。用镊子轻轻取出滤膜，绒面向里对折，放入滤膜袋内。

（3）称量和计算：将采样滤膜在与空白滤膜相同的平衡条件下平衡 24h 后，用分析天平称量（精确到 0.1mg），记下重量（增量不应小于 10mg），按下式计算 *TSP* 含量：

$$TSP(\mathrm{mg/m^3})=\frac{(W_1-W_0)}{V_n}\times 1000$$

式中 W_1——尘膜重量，g；

W_0——空白滤膜重量，g；

V_n——标准状态下的累计采样体积，m^3。

当采样器未直接显示标准状态下的累计采样体积时，按下式计算：

$$V_n = \frac{Q}{1000} \times \frac{P_2 T_n}{P_n T_2} \times t \times 1000$$

式中 Q——采样器采气流量，L/min；

P_2——采样期间测试现场的平均大气压力，kPa；

T_n——标准状态下的绝对温度，273K；

t——累计采样时间，h；

P_n——标准状态下的大气压力，101.325kPa；

T_2——采样期间测试现场的环境温度，K。

五、结果处理

(1) 根据 TSP 的实测浓度(表 1.3.4)，确定校园空气质量状况。

(2) 分析布点、采样和污染物测定过程中可能影响监测结果代表性和准确性的因素。

表 1.3.4 实验数据记录表

序号	测试地点	测试样本 1-*TSP*	测试样本 2-*TSP*	测试样本 3-*TSP*
1				
2				
3				
4				
5				

六、思考题

(1) 常见生产性粉尘的来源有哪些？生产性粉尘有哪些危害？

(2) $PM_{2.5}$的含义是什么？粉尘的理化特性参数有哪些？举例说明其影响因素。

(3) 请根据所测实验数据，分析粉尘防治对策措施及企业预防粉尘爆炸的方法。

实验三　甲醛测定实验

一、实验目的

（1）掌握气体中甲醛含量的测量方法，掌握甲醛分析仪的使用方法；

（2）通过测定甲醛含量，增强学生对室内空气质量重要性的认识，培养环境保护意识；

（3）通过实验学生了解到甲醛的危害，并学会在实验中如何安全操作，如何预防和处理甲醛暴露；

（4）学生可以通过实验学习如何记录数据、分析结果和撰写实验报告。

二、实验原理

甲醛是世界卫生组织公认的一类致癌物，是一种无色易溶的刺激性气体，可经呼吸道吸收，对人体健康有负面影响。当室内空气中含量为 0.1mg/m^3 时就有异味和不适感，0.5mg/m^3 可刺激眼睛引起流泪。长期接触低剂量甲醛可引起慢性呼吸道疾病，女性月经紊乱、妊娠综合征、染色体异常，引起新生儿体质降低、智力下降，甚至引起白血病、鼻咽癌、喉头癌。达到 30mg/m^3 时会立即致人死亡(挥发期 3~15 年)。

目前我国室内空气甲醛检测的方法主要有 4 种：①酚试剂分光光度法(仲裁法)；②乙酰丙酮分光光度法；③气相色谱法；④甲醛测定仪法。在这 4 种方法中，酚试剂分光光度法检出限为 0.2μg/mL，当采样体积为 10L 时，最低检出浓度为 0.01mg/m^3。此法灵敏度高、操作简单、使用试剂也比较少，但是检测时需要现场采样，再回实验室分析，相当耗费人力与时间。乙酰丙酮分光光度法的检出限为 0.25μg/10mL，在采样体积为 30L 时，最低检出浓度为 0.008mg/m^3。此方法具有很好的检测限和选择性。气相色谱法的检出限为 0.2μg/mL，但是因为仪器较为昂贵且操作极为复杂，难以长期使用。甲醛测定仪法测定室内空气中的甲醛，操作简便、快速同时灵敏度较高，应用较广泛。

甲醛测定仪使用电化学传感器来测量甲醛在空气中的含量。当被测量的空气被内置的气泵吸入传感器后，该传感器会产生一个与该空气中甲醛含量成比例的弱小电压。甲醛被吸收到电化学敏感电极，经过扩散介质后，在适当的敏感电极电位下气体分子发生电化学反应，这一反应产生一个与气体浓度成正比的电流，这一电流转换为电压值。电压值输出到仪器显示屏，即可显示出被测空气中甲醛的含量(单位为 ppm)。

用该测量仪器测出的甲醛含量是被测点的瞬时读数，一个单一的读数并不能用来代表长期个人暴露水平，因此在较短的时间间隔内进行一系列测量是最优的。

三、实验仪器

4160-19.99m 型甲醛分析仪是全球著名厂家美国 INTERSCAN 公司生产的专门用于卫生

防疫、环境保护、劳动卫生和石化等领域检测低浓度甲醛含量的直读式分析仪。仪器采用电压型控制扩散电化学传感器，该仪器线性稳定、结果准确、精度高、抗干扰性强、超长使用寿命、操作简单。

分析仪前面板组成见图 1.3.2，后面板组成见图 1.3.3。

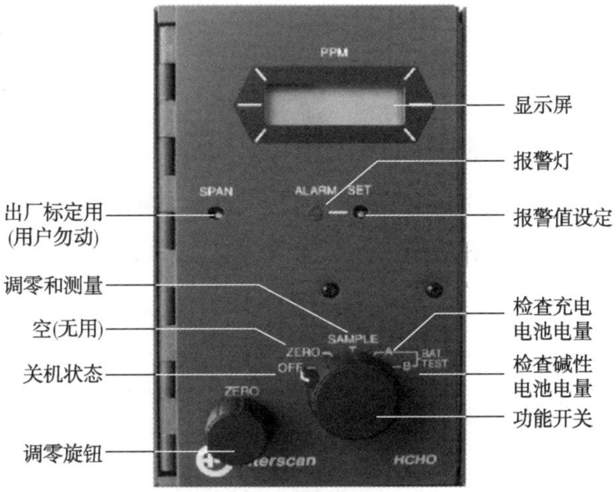

图 1.3.2　前面板组成

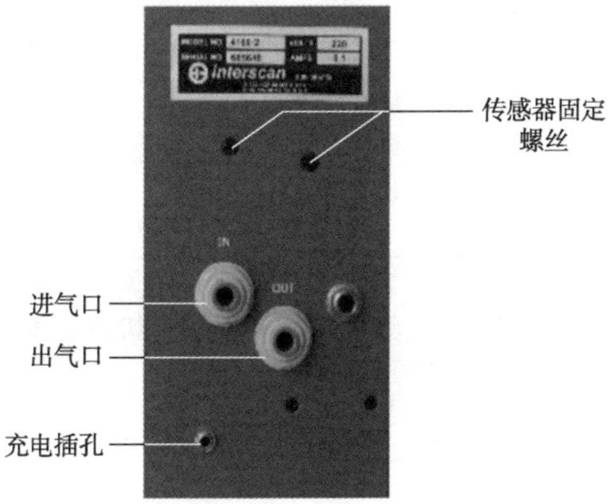

图 1.3.3　后面板组成

仪器技术指标：

(1) 测量范围：0~19.99ppm；

(2) 分辨率：0.01ppm；

(3) 精度：读数 2%±0.01ppm；

(4) 线性度：±1%；

(5) 重复性：±0.5%；

(6) 零点漂移：±1.0%/24h；

(7) 跨度漂移：±2.0%/24h；

(8) 采样方式：连续泵吸式；

（9）响应时间：<60s；

（10）延迟时间：<1s；

（11）显示：数字显示；

（12）体积：178mm×102mm×225mm；

（13）重量：2kg。

四、实验内容

（1）每3~4人为一组，选择合适的测量场所，如实验室内各角落、静止的通风橱、抽屉、吸烟点、有新家具的地方、涂刷油漆不久的场所等，确定测点位置，总测点数为3处。

（2）每隔5s读一瞬时甲醛浓度值，每次每个测点应连续读取10个数据。将数据填入表1.3.5中。

表1.3.5　实验数据记录

测量场所：	测量点编号：	测量时间：		
测量场所：	测量点编号：	测量时间：		
测量场所：	测量点编号：	测量时间：		

（3）按照计算结果在毫米方格纸上绘制甲醛浓度柱状图。横坐标为测量地点，纵坐标为甲醛浓度平均值。

五、操作步骤

1. 检查电池

使用仪器时，须先检查电池电量。

（1）功能开关旋到BAT. TEST A位置，显示值低于1.00则需要充电。

（2）功能开关旋到BAT. TEST B位置，显示值低于1.00则需要更换碱性电池。

（3）如以上两档均高于1.00，则可继续下一步骤。

2. 仪器调零

（1）在测量现场打开仪器电源，将功能开关旋到SAMPLE位置，仪器稳定运行约15min后开始调零。

（2）将C-12过滤器两头的红色塞子取下，将连接软管粗的一端接C-12过滤器的一端，将细的一端用力插入仪器背面的进气口(IN)。

(3) 用手指堵住 C-12 过滤器的前端(时间不要超过 2s，否则会造成传感器中的液体被抽出进入泵体)，如听到泵的声音明显减慢(几乎停止)，则系统气密性正常；否则需检查各接口处连接。

(4) 仪器读数稳定后，调整 ZERO 旋钮使显示为“0.00”。调零后取下 C-12 过滤器，并用红色塞子塞住两端。

3. 检测

(1) 将卷曲管带塑料螺母的一端连接到白色采样手柄上，将卷曲管另一端连接到仪器背面的进气口(IN)。

(2) 将采样手柄指向被测区域，待数值稳定后即可读取测量结果。

(3) 短时间内测量其他位置时，如外界环境(温湿度、气压等)差异不大，可直接测量，不必重复调零过程。

六、注意事项

(1) 由于 4160-19.99m 型甲醛分析仪具有非常高的灵敏度和分辨率，在使用时要求排除环境的影响，以保证仪器检测结果的准确性。

(2) 4160-19.99m 型甲醛分析仪的传感器对人呼出的气体较为敏感，测量时不要将采样手柄指向人的口鼻附近。

(3) 使用仪器时要小心，不可掉在地上。

(4) 测量时不能离开校园。

七、思考题

(1) 检测系统的典型组成有哪些部分？

(2) 按常见的被测参量分类，检测系统(仪表)可分为哪些类别？本实验属于哪一类？

(3) 按被测参量的检测转换方法分类，检测系统(仪表)可分为哪些类别？本实验属于哪一类？

实验四　红外测温实验

一、实验目的

(1) 通过实验学生可了解红外测温的基础知识和基本理论，包括辐射测温的基本工作原理和红外测温仪表的基本构成；

(2) 通过对红外测温仪的实际操作和数据分析，使学生熟悉辐射测温仪表的使用和维护方法；

(3) 红外测温技术在安全检测中有着重要应用，通过实验学生可了解其在环境安全监测中的重要性。

二、实验原理

物体处于绝对温度零度以上时，因为其内部带电粒子的运动，以不同波长电磁波的形式向外辐射能量，波长涉及紫外光区、可见光区、红外光区。物体红外辐射量的大小几千波长的分布与它的表面温度有着十分密切的关系。因此，通过物体自身红外辐射能量便能准确地确定其表面温度，这就是红外辐射测温所应用的原理。

三、实验仪器

红外测温仪 PT120 结构如图 1. 3. 4 所示。

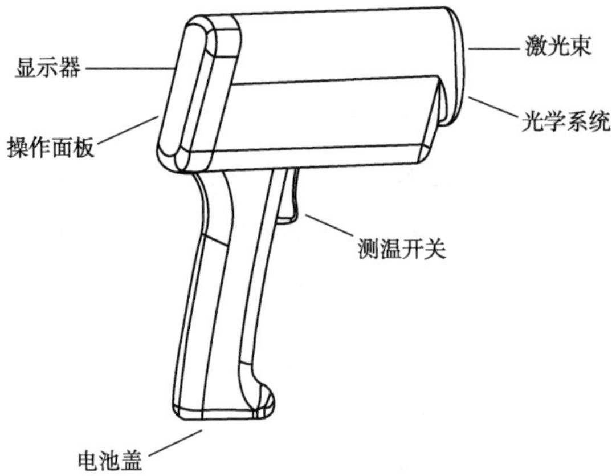

图 1. 3. 4　红外测温仪 PT120 结构

PT120 红外测温仪是一种高性能手持式红外测温仪，其结构特点和技术参数体现了其高性能和可靠性。结构由仪器主体、显示器、光学系统、操作面板、光电探测器、测温开关、电池盖等部分组成，光学系统汇聚其视场内的目标红外辐射能量，视场的大小由测温仪的光学零件及其位置确定。红外能量聚焦在光电探测器上并转变为相应的电信号，该信号经过放大器和信号处理电路，并按照仪器内置的算法和目标发射率校正、环境温度补偿后转变为被测目标的温度值。除此之外还应考虑目标和测温仪的环境条件，如温度、气压、污染和干扰等因素对其性能的影响和修正方法。

（1）测温范围：PT120 红外测温仪的测温范围较宽，能在−25～1200℃范围内满足用户的不同需求。

（2）测量精度：具有高测量精度，重复性好，确保了测量的准确性和可靠性。

（3）响应速度：具有较快的响应速度，能够迅速地对温度变化做出反应。

（4）光学系统：采用高科技手段加工的红外光学系统，具有较大的距离系数，提高了测量的效率和准确性。

（5）同轴激光瞄准：具备同轴激光瞄准功能，使得测量目标的温度变得简单直观。

（6）操作简便：操作简单、使用可靠、体积小、重量轻，便于携带和使用。

（7）功能特点：具有辐射率可调整、华氏/摄氏转换、最大值、最小值、平均值、温差值和上下限温度设置及超限声光报警等功能，这些功能使得 PT120 红外测温仪在工业领域有着广泛的应用。

四、实验内容

本实验的目的是通过使用 PT120 红外测温仪来测量不同物体的温度，验证其在环境参数监测、工程应用中的实用性和准确性。实验将测量室内环境温度、热水温度和冰块温度，并记录数据以评估测温仪的性能。

1. 实验准备

（1）检查 PT120 红外测温仪的外观，确保镜头清洁、无遮挡物；

（2）安装新的 9V 电池，确保电量充足；

（3）打开测温仪，检查显示屏是否正常工作；

（4）调整测温仪的设置，确保测量单位为摄氏度。

2. 环境温度测量

（1）将测温仪对准室内墙面的一个区域，避免直接对准窗户或空调出风口，以免受到外部温度的影响；

（2）使用同轴激光瞄准目标区域，确保测温仪与墙面的距离在测温仪的有效测量范围内；

（3）按下“测量”按钮，等待显示屏上的温度值稳定，记录测量得到的温度值。

3. 热水温度测试

（1）准备一杯热水，确保水温在测温仪的测量范围内；

（2）将热水放置在稳定的平台上，避免水面波动；

(3) 使用测温仪对准水面中心，避免对准水面边缘或蒸汽；

(4) 按下“测量”按钮，记录测量得到的温度值。

4. 冰块温度测试

(1) 准备一块冰块，确保其大小和形状适合测量；

(2) 将冰块放置在平坦的表面上，避免阳光直射；

(3) 使用测温仪对准冰块的中心区域，避免对准冰块的边缘或表面水滴；

(4) 按下“测量”按钮，记录测量得到的温度值。

五、实验结果

实验数据记录见表 1.3.6。

表 1.3.6 实验数据记录

对象	次数					平均值	数据分析	影响因素
	1	2	3	4	5			
环境温度/℃								
热水温度/℃								
冰块温度/℃								

六、思考题

(1) 红外测温仪的工作原理是什么？它如何将红外辐射转换为温度值？

(2) 在使用红外测温仪时，如何避免环境因素对测量结果的影响？

(3) PT120 红外测温仪的测温范围和精度如何？这些参数对实验结果有何影响？

实验五 工业复合气体测定实验

一、实验目的

(1) 掌握使用便携式复合气体测定仪进行空气成分分析的基本操作方法;

(2) 了解空气中常见组分(如氧气、二氧化碳、氮气等)的浓度及其变化规律。

二、实验原理

便携式复合气体测定仪融合了电化学、催化燃烧、红外、热导、PID 光离子等多种检测技术，能够高效、准确地测定空气中的氧气、可燃气体及有毒气体含量。该仪器的核心在于其高灵敏度的传感器，能够实时捕捉气体浓度并将其转换为电信号，实现即时监测。主机单元对信号进行精确处理，确保数据的准确性与可靠性。此外，仪器内置泵吸式测量，集成水汽、粉尘过滤器，防止水汽和粉尘对传感器和仪器造成损坏，适用于高湿度、高粉尘环境。特殊气路设计支持超过 10m 的采样距离，能够直接检测负压或正压环境下的气体。

三、实验仪器

便携式复合气体测定仪结构如图 1.3.5 所示。

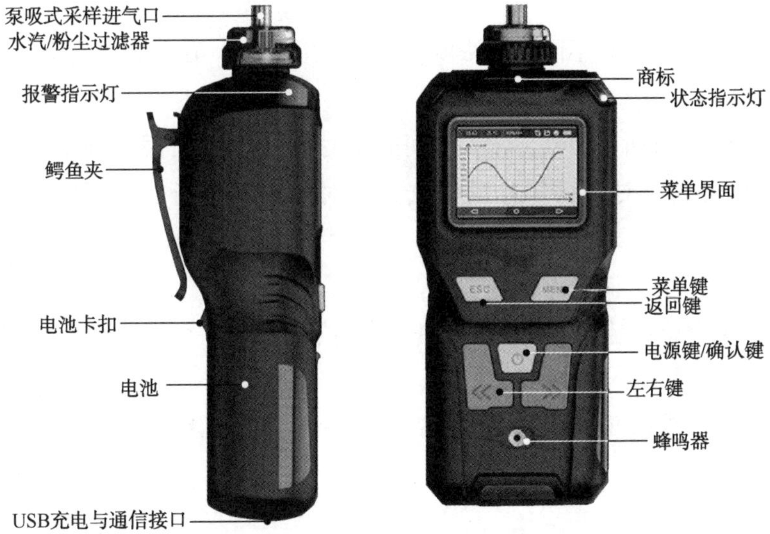

图 1.3.5 便携式复合气体测定仪结构

四、实验步骤

(1) 开启设备：长按电源键/确认键启动设备。

（2）设置参数：通过菜单键进入菜单界面，设置采样时间、数据记录间隔等参数。

（3）安装过滤器：检查并确保水汽/粉尘过滤器已正确安装在泵吸式采样进气口处。

（4）开始采样：将设备的进气口对准待测空气环境，开启泵吸功能，使空气通过过滤器进入仪器内部进行检测。

（5）监控与报警：在采样过程中，密切关注报警指示灯的状态，一旦发现异常（如气体浓度超过预设阈值），设备会发出声光报警提示用户注意安全。

（6）数据分析：测试完成后，通过 USB 充电与通信接口将数据传输至电脑或其他设备进一步分析和存档。同时，也可以在设备上查看历史数据和趋势图表。

（7）关机清理：使用完毕后，长按电源键/确认键 5s，待设备蜂鸣一声后即关机。清洁和维护好水汽/粉尘过滤器及其他部件，妥善存放以备下次使用。

五、数据处理

（1）数据导出：使用随设备配备的 USB 数据线，将便携式复合气体测定仪连接至电脑。打开专用的数据处理软件或兼容的数据处理程序，按照软件提示导出采样数据。

（2）数据整理：将导出的数据进行整理，检查数据的完整性和准确性。删除或修正明显错误的数据点，确保数据集的可靠性。

（3）数据验证：对连续采样的数据进行线性拟合，分析气体浓度随时间的变化趋势；使用统计方法（如标准差、箱线图等）识别数据中的异常值，并进行进一步的分析或处理。

（4）数据分析

① 浓度分布分析：计算不同气体浓度的均值、中位数、最大值和最小值，分析其分布特征。

② 相关性分析：分析不同气体浓度之间的相关性，探索它们之间的相互影响。

③ 时间序列分析：对连续采样的数据进行时间序列分析，识别周期性模式或趋势变化。

（5）结果解释

环境影响因素分析：结合实验期间的环境条件（如天气、交通流量等），分析其对气体浓度的可能影响。

健康风险评估：根据气体浓度的测量结果，评估潜在的健康风险，并提出相应的预防措施。

（6）报告编制

① 图表制作：使用图表（如柱状图、折线图、散点图等）直观展示数据分析结果。

② 结果总结：编写数据分析报告，总结关键发现，并提出改进建议或进一步研究的建议。

六、思考题

(1) 如何解释同一地点不同时间空气成分的变化？这些变化可能受哪些因素影响？

(2) 如果发现某一气体浓度异常升高，应如何进一步调查原因，并提出改善建议？

(3) 讨论便携式复合气体测定仪在环境监测中的应用价值及其局限性。

第四章 工业通风与除尘实验

“工业通风与除尘实验”是安全工程本科专业中一门重要的实践课程，依据国家本科专业建设标准，结合工业通风与除尘领域的最新发展和技术需求而设计。本课程旨在培养学生掌握工业通风与除尘系统的设计、运行和维护的基本技能，以及解决工业环境中空气质量问题的能力。

课程内容涵盖了工业通风的基本原理、通风系统的设计与分析、粉尘和有害气体的控制技术，以及通风除尘设备的选型与应用等方面。通过实验，学生将有机会操作通风测试仪器，进行通风管道阻力的测定，分析风机的工作特性，以及设计和优化局部排风系统。

实验操作强调安全性、准确性和工程实践的结合，学生将在教师的指导下，完成一系列设计性、综合性实验任务，以提高其工程实践能力和创新能力。此外，课程还包括对工业通风与除尘领域新经验、新成果和新进展的介绍，以拓宽学生的视野。通过本课程的学习，学生将能够独立进行工业通风与除尘系统的规划、设计和评估，为未来的工程实践或研究工作打下坚实的基础。

实验一 通风系统风量的测定

一、实验目的

了解和掌握通风系统风道内风量的测点布置方法及测定方法，测定数据的处理和换算。从而对通风系统气流分布是否均匀作出理论判断。

二、实验原理

1. 测试原理

风道风压、风速和风量的测定，可以通过毕托管、U形压力计、倾斜式微压计、热球式风速仪等仪器来完成。毕托管、U形压力计可以测试风道内的全压、动压和静压，由测出的全压可以知道风机工作状况、通风系统的阻力等。由测出的风道动压可以换算出风道的风量。也可以用热球式风速仪直接测量风道内风速，由风速换算出风道内风量。

2. 测量位置的确定

由于风管内速度分布是不均匀的，一般管中心风速最大，越靠近管壁风速越小。在工程实践中，管内气流速度大都是指平均风速。为了得到断面的平均风速，可采用等截面分环法进行测定。

(1) 圆形风管

对圆形风管可将圆管断面划分成若干个等面积的同心环，测点布置在等分各小环面积的中心线上，如图1.4.1所示，把圆面积分成 m 个等面积的环形，则：$F_1 = F_2 = \cdots F_n = \frac{F}{m}$，然后将每个等分环面积再二等分，则此圆周距中心为 y_n，与直径交点分别为1、2、3…n 点，这些点就是测点位置。

各小环划分的原则是：环数取决于风管直径，划分的环数越多，测得的结果越接近实际，但不能太多，否则将给测量和计算工作带来极大麻烦，一般参照表1.4.1分环。

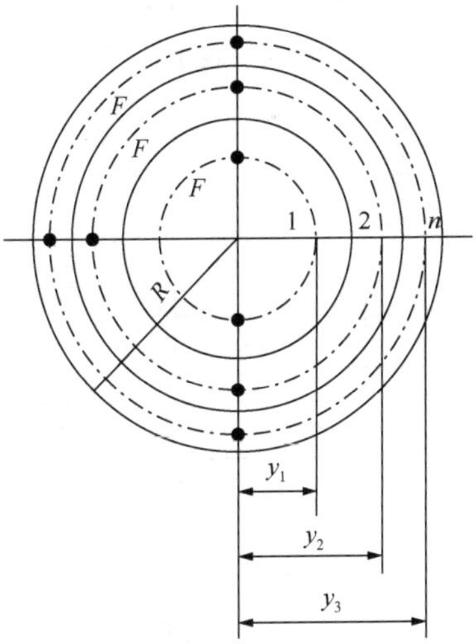

图1.4.1 圆形风管测点布置

表1.4.1 测量时不同管径所分环数

风管直径/mm	≤130	130~200	200~400	400~600	600~800
划分环数	1	2	3	4	5

为了简化现场测试的计算工作量，现将计算各测点距管道路中心的距离 y_n/R 值列于表 1.4.2。

表 1.4.2　圆管测点位置值

从圆心算起同心环序号 n	划分总环数				
	1	2	3	4	5
1	0.0707	0.500	0.409	0.354	0.290
2		0.866	0.707	0.612	0.500
3			0.914	0.790	0.646
4				0.936	0.764
5					0.866
6					0.957

为了将测压管准确地放在风管中预定的位置，必须在测压管上作出标志。由测压端中心线向管柄方向取风管直径的一半即等于 R 为刻度中心，如图 1.4.2 所示，再根据计算出来的 y_1、y_2、$y_3 \cdots y_n$ 值在管柄上逐次标出测点位置。

(2) 矩形风管

对于矩形风管可将管道断面划分为若干等面积的小方块，测点位置居于每个小方块的中心，如图 1.4.3 所示。其划分原则是：各小方块面积不大于 $0.05m^2$，小块数目不少于 9 块。具体可参考表 1.4.3。

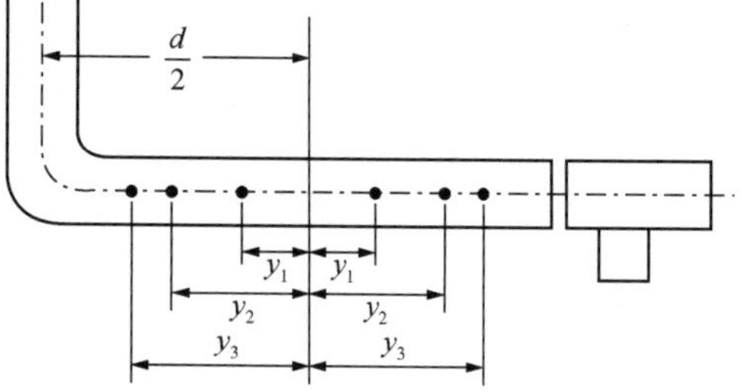

图 1.4.2　测压管标定测点位置

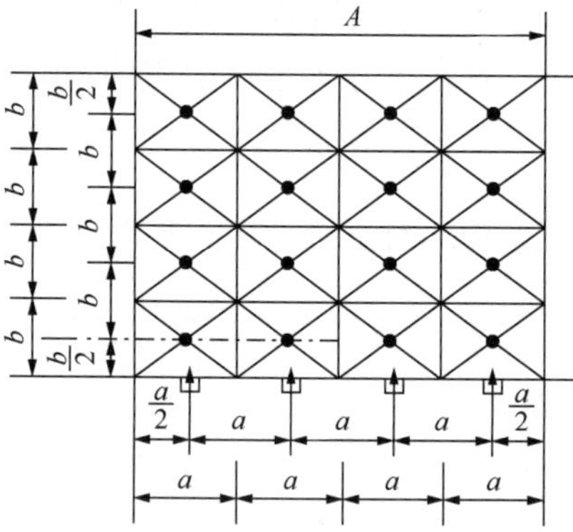

图 1.4.3　矩形风管测点位置

表 1.4.3　矩形风管测定点的确定表

风管面积/m^2	≤0.01	0.01	0.1~0.4	0.4~0.6
每边等分数 m	3	4	5	6
测点数 $n=m^2$	9	16	25	36

3. 测量时仪器的布置

若想准确地进行压力测定，必须合理地使用和布置仪器。在风网中，吸入段的全压、静压为负值，压出段的全压、静压为正值，而动压不论在吸入段还是在压出段均为正值。所以测压管与测压计的连接方式在吸入段与压出段有些不同。具体接法如图 1.4.4 所示。

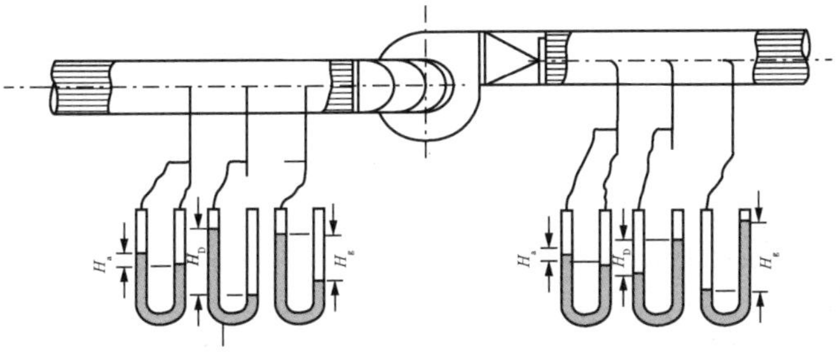

图 1.4.4　测量风压时仪器连接方法

用毕托管测量全压、动压和静压时，毕托管的测压端一定要迎着流动的气流，如果用风速仪测定管道内风速，一定要注意测速热球的气流流向。

三、实验仪器

(1) U 形压力计一台(测量范围在 10000Pa 以内)；

(2) 倾斜式微压计一台(测量范围在 250Pa 以内)；

(3) 热球式风速仪一台(测量范围在 0.05~30.0m/s)；

(4) 毕托管一支；

(5) 外径 ϕ10mm，壁后 1mm 的橡胶管或乳胶管数米；

(6) 蒸馏水 500mL;

(7) 纯酒精 500mL;

(8) 钢卷尺一把，长度值不小于 2m。

四、实验内容

(1) 连接风机和通风管道。

(2) 用钢卷尺测量风道的直径或矩形风道的尺寸。

(3) 根据直径或矩形风道的尺寸，确定测点位置。

(4) 在测试位置处风管上开 ϕ12mm 的圆孔。

(5) 在毕托管或热球式风速仪上作出测点位置标记。

(6) 毕托管和 U 形压力计用乳胶管连接。

(7) 毕托管或热球式风速仪在测孔处垂直插入风道内，从而保证测点的位置正确，并注意毕托管测头的方向。

（8）在 U 形压力计上直接读出风道内全压、动压和静压，在热球式风速仪上直接读出风道内风速。

五、实验结果

对于所测得的全压或静压，只要将各测点的读值平均即为该断面的全压或静压值，但须注意正负。对于动压它永为正值，按上述方法测得某断面各测点的动压值后，必须按以下方法进行数据整理：

因为：$v_{cp}=\dfrac{v_1+v_2+\cdots+v_n}{n}$

且 $v=4.04\sqrt{H_{动}}$

所以 $v_{cp}=\dfrac{1}{n}\times4.04(\sqrt{H_{动1}}+\sqrt{H_{动2}}+\cdots+\sqrt{H_{动n}})$

为精确计算起见，其动压应计算为：$H_{动}=\left(\dfrac{\sqrt{H_{动1}}+\sqrt{H_{动2}}+\cdots+\sqrt{H_{动n}}}{n}\right)^2$ 或 $H_{动}=\dfrac{v_{cp}{}^2\gamma}{2}$；当 $t=20$℃、$\gamma=1.2\text{kg/m}^3$ 时，$v_{cp}=4.04\sqrt{H_{动}}$（v_{cp}—平均风速，m/s；$H_{动}$—动压平均值，Pa）。根据 $v=4.04\sqrt{H_{动}}$ 可计算出管道内风速，$Q=vF$ 可计算出管道内风量，式中 F 为管道截面面积。将所测得的平均动压与静压相加即为风管平均全压。

实验二　旋风除尘器性能测定

一、实验目的

通过实验掌握旋风除尘器性能测定的主要内容和方法，并且对影响旋风除尘器性能的主要因素有所了解，同时掌握入口粉尘浓度、粒径对除尘器除尘效率的影响。测定旋风除尘器的阻力损失以及沿筒体半径方向的压力分布、切向速度分布等。

二、实验原理

含尘气体经收缩形进口切向进入除尘器蜗壳时，由上向下做螺旋形旋转运动，尘粒在离心力的作用下被抛向器壁，并沿器壁下滑，进入特殊结构的密封收尘装置内；净化后的气体由下向上做内螺旋形旋转经芯管排出。

在上述气流下旋与上旋流动过程中，必然要形成一个交界面，将外旋涡与内旋涡分开。从而使气流的切向速度、压力分布沿旋风除尘器筒体半径方向分布差别很大。

三、实验仪器

实验仪器如图 1.4.5 所示，含尘气体由配尘漏斗送入流动的气体中(为负压系统)，通过旋风除尘器将粉尘从气体中分离，净化后的气体由风机经过排气管排入大气。

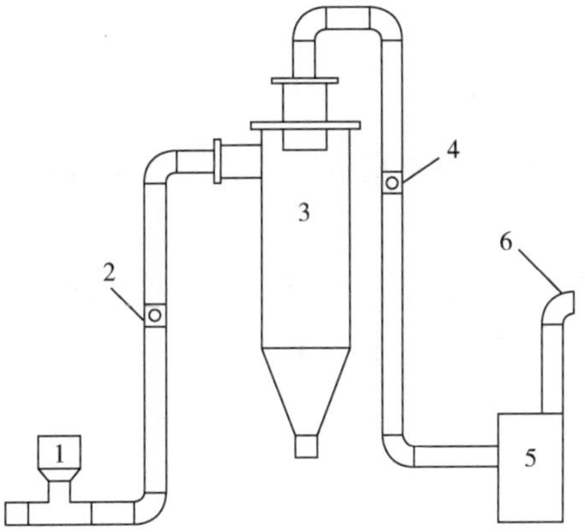

图 1.4.5　实验仪器(旋风除尘器)

1—灰斗；2—进口采样点；3—旋风除尘器；
4—出口采样点；5—风机；6—排气口

主要实验仪器有：

(1) 倾斜微压计：YYT-200 型，1 台；

(2) U 形压差计：500~1000mmH_2O，1 个；

（3）毕托管：L型，1支；

（4）粉尘收集盘：1个；

（5）电子分析天平：1台。

四、实验内容

1. 旋风除尘器的阻力测量

（1）将U形压差计的两接口分别与旋风除尘器进、出口位置的测压口相连；

（2）开启风机，通过调节风机的风门，改变气体的流量；

（3）利用风速仪测量风机出口的气体流量 Q，该流量近似等于流过除尘器的气体流量；

（4）读出U形压差计的压差；

（5）改变 Q 的大小，并记录下相应的压差。

2. 旋风除尘器内的压力分布及切向速度分布

（1）将一微型毕托管插入旋风除尘器筒体的某一位置；

（2）开启风机，调整风量为 Q；

（3）沿筒体的径向方向，不断调整毕托管的位置（注意毕托管的头部与筒体内的同心圆水平相切），并记录下每个位置的全压与动压；

（4）根据动压和全压计算每点的静压，并分别绘制切向速度、全压沿直径方向的分布。

3. 除尘器效率的测定

（1）用托盘天平称出发尘量（G_j）。

（2）通过发尘装置均匀地加入发尘量（G_j），记下发尘时间（τ），按有关公式计算除尘器入口气体的含尘浓度。

（3）收尘量（G_s），按有关公式计算除尘器出口气体的含尘浓度（G_z）。

（4）按有关公式计算除尘器的全效率（η）。

改变 Q 或 G_j 重复上（1）~（4）步骤，测定不同工况下的 η。

五、实验结果

实验数据见表1.4.4~表1.4.6。

表1.4.4　旋风除尘器的阻力测量（一）

风量 $Q/(m^3/h)$				
U形管读数/mm				

表 1.4.5 旋风除尘器的阻力测量(二)

风量 Q/(m^3/h)								
测点筒体轴心位置/mm								
全压/mm								
动压/mm								
切向速度/(m/s)								

表 1.4.6 总除尘效率测定记录表

气体流量	进口粉尘质量	出口粉尘质量	除尘效率

实验报告包括内容要求：

(1) 记录数据，风机排风量，除尘器内全压、静压分布，并计算半径各点动压以及切向速度，进出口粉尘质量以及除尘效率。

(2) 绘制旋风除尘器内气流的切向速度和压力分布图(理论值与实验值对比)。

实验三　大气压力、温度、湿度及风速测定实验

一、实验目的

（1）掌握大气压 p、空气湿度 ψ、风速 v 的测定原理、测定方法、测试仪表的结构、使用技巧及数据分析处理方法等；

（2）计算湿空气密度 ρ。

二、实验原理

1. 大气压测定

大气压测定仪表有两类：一类是水银气压计，一般用于室内测量，精度较高；另一类是空盒气压计，以下测定使用这种仪表。

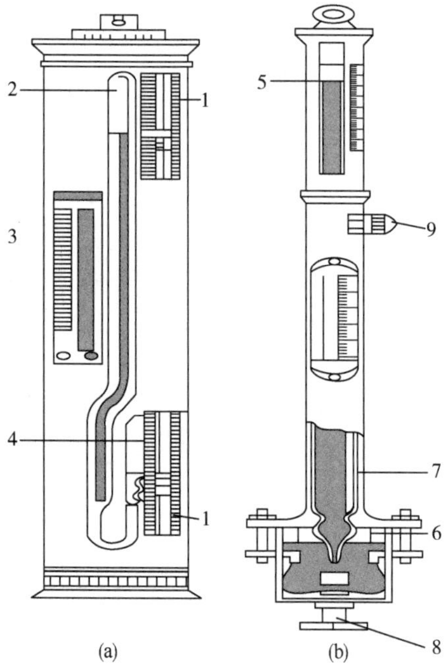

图 1.4.6　水银气压计

1—气压计标尺；2—玻璃管封闭端；3—温度计；4—玻璃管开口端；5—水银表面；6—指针；7—玻璃管；8—螺丝；9—游标旋钮

（1）水银气压计

水银气压计有动槽式和定槽式两种。

动槽式水银气压计(图 1.4.6)的主要部件是一根倒置于可动水银槽内的玻璃管，管的上端水银面上是真空的，槽内液面则通向大气。根据托里拆利实验原理，可知玻璃管内水银柱高度表示大气压力(毫米汞柱或毫巴)。

测定时，转动底部调节螺丝 8，使槽内水银液面正好与象牙指针 6 触及，然后转动游标旋钮 9，使游标 1 的下切口与水银顶面 5 相切，由刻度尺和游标 1 读出大气压的读值($p_{读}$)。因为刻度尺是金属的，热胀冷缩，所以要进行读值的温度校正，由温度计 3 读出测定的温度，$\Delta P_{温}$ 为温度校正值，实际大气压计算如下式：

$$p_0 = p_{读} + \Delta P_{温}$$

定槽式水银气压计的下部水银槽是固定不动的，除不必调节槽内液面高低外，其余使用方法与动槽式相同。

黄铜刻度尺换算到 8℃时温度校正值($\Delta P_{温}$)。

当实测温度值与表中温度不符时，可用插值法求得温度校正值。

(2) 空盒气压计

空盒气压计结构如图 1.4.7 所示，它是由一个波纹金属真空盒和杠杆传动机构组成的。大气压变化时，盒面变形值随之发生变化。变形值经杠杆机构传动并放大，带动盒面指针转动指出大气压值。

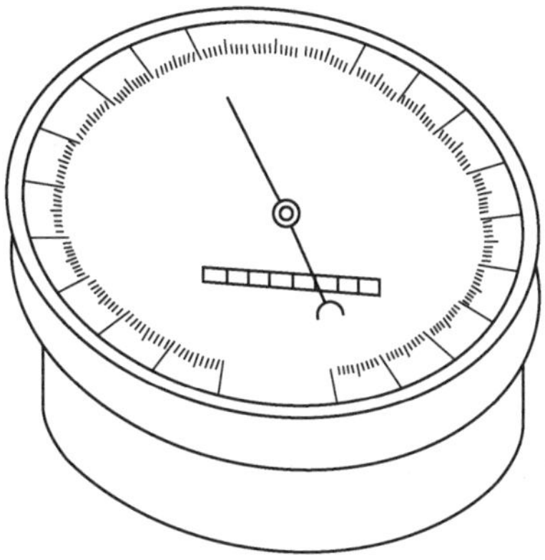

(a)

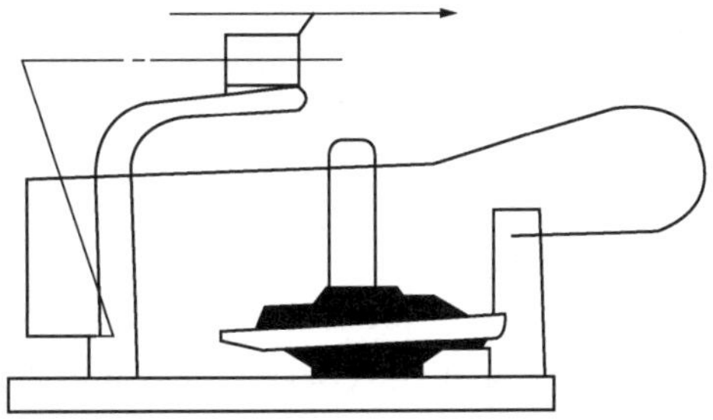

(b)

图 1.4.7 空盒气压计

空盒气压计使用前应当用水银气压计校正。校正时用小螺丝刀拧转盒背面(或侧面)的调节螺丝，使指针所示气压值与水银气压计一致。

测定时，将气压计水平放置，否则会产生误差，仪器完全垂直放置误差可达 0.3mmHg (40Pa)，读数前，还应用手指轻轻敲击盒面数下，以消除因摩擦引起的滞后现象，一般应等待数分钟之后读数，读数应根据仪器所附检定证进行刻度、温度和补充校正。例如，某空盒气压计读数为 770mmHg(102.7kPa)，查得其刻度校正值为 $\Delta p_{刻}=-0.1$mmHg(−13.3Pa)，温度校正为 $\Delta p_{温}=-0.03$mmHg/℃(−4Pa/℃)×15℃ = −0.45mmHg(−60Pa)，补充校正为 $\Delta P_{补}=+0.6$mmHg(80Pa)，则实际大气压 p 计算见表 1.4.7。

表 1.4.7 实际大气压力计算

温度/℃	气压计读值($p_{读}$)				
	740	750	760	770	780
10	−1.21	−1.22	−1.24	−1.26	−1.27
15	−1.81	−1.83	−1.86	−1.89	−1.91
20	−2.41	−2.44	−2.48	−2.51	−2.54
25	−3.01	−3.05	−3.09	−3.13	−3.17
30	−3.61	−3.26	−3.71	−3.75	−3.80

注：$p=\Delta p_{读}+\Delta p_{刻}+\Delta p_{温}+\Delta p_{补}=770-0.1-0.45+0.6=770.05$mmHg(102.7kPa)。

2. 空气相对湿度的测定

矿井下空气相对湿度常用手摇湿度计和风扇湿度计测定。它们都由两支水银温度计组成，其中一支为干温度计(又称为干球)，另一支水银球上包着纱布，称作湿温度计(又称为湿球)。

测定时，先将湿球上的纱布用清水蘸湿，用手摇湿度计时，手摇摇把以 150r/min 的速度旋转 1~2min，立即读出两支温度计的读数(读数时注意勿受人体体温的影响)。湿球因其水蒸气吸热，它的示数低于干球，湿度愈高，蒸发吸热愈多，干、湿球温差也愈大，根据干(或湿)温度计(t,℃)及温差(Δt,℃)即可查出空气的相对湿度。

用风扇湿度计测定时，用仪器小风扇上的钥匙将发条上紧，风扇转动，使空气以一定速度(1.7~3.0m/s)流经干、湿温度计的水银球周围 1~2min 后，两支温度计示数稳定后即可读数。

三、实验仪器

实验仪器包括水银气压计、空盒气压计、手摇湿度计、风扇湿度计。

四、实验内容

(1) 分别用水银气压计和空盒气压计测大气压 p。

(2) 分别用手摇湿度计和风扇湿度计测空气的相对湿度，计算绝对湿度。

(3) 以水银气压计和风扇湿度计测定结果计算湿空气重率。

(4) 用风速表测定风洞内风速值，分别测定风洞壁、风洞 $1/4R$ 处、风洞中心各 2 次。

五、实验结果

1. 大气压

水银气压计

读数 $p_{读}=$

温度 $t=$

校正值 $\Delta p_t=$

真实大气压 $p_0=p_{读}+\Delta p_t$

空盒气压计

读数 $p_{读}=$

$\Delta p_t=$

$\Delta p_{刻}=$

$\Delta p_{补}=$

真实大气压 $p_0=p_{读}+\Delta p_t+\Delta p_{刻}+\Delta p_{补}$

2. 大气压

按精密公式计算 $\rho=$

按近似公式计算 $\rho=$

风洞风速：$V_1=$ ；$V_{R/4}=$ ；$V_{R/2}=$

$V_1=$ ；$V_{R/4}=$ ；$V_{R/2}=$

$V_1=$ ；$V_{R/4}=$ ；$V_{R/2}=$

六、思考题

(1) 湿度计测定相对湿度时，如干湿球温度差为零，此时相对湿度是多少？

(2) 湿空气和干空气相比，哪一个密度大？

(3) 分析空盒气压计测定大气压的误差来源。

(4) 为什么风洞壁的风速最低？

实验四　粉尘浓度与除尘效率测定

一、实验目的

(1) 掌握粉尘浓度与除尘效率测定的主要内容和方法；
(2) 了解影响除尘效率的关键因素；
(3) 掌握入口粉尘浓度和粒径对除尘效率的影响；
(4) 测定气体流量、压力损失及其对粉尘浓度的影响。

二、实验原理

通过使用特定的采样设备在管道中捕获粉尘颗粒，并通过精确称量滤筒中收集的尘粒质量结合采样体积来计算粉尘浓度。

实验中，气体流量的稳定性和管道中的压力损失会影响粉尘的采样效率，因此需要使用流量计和压力计来监测和调整这些参数，以确保实验条件的一致性和数据的可比性。同时，采样过程中需要确保采样管内的静压与管道内的气体静压相等，以避免由压力差异导致的采样偏差。此外，通过测定除尘设备入口和出口的粉尘浓度，可以计算出除尘效率，这是通过比较除尘前后的粉尘浓度变化来实现的。实验过程中需要准确记录所有相关参数，包括流量、压力、温度等，以及每个采样点的粉尘浓度，这些数据将用于后续的分析，以评估除尘系统的性能和确定影响除尘效率的关键因素。

三、实验仪器

选用普通型采样管(如玻璃纤维滤筒、刚玉滤筒)或平衡型等速采样管、干燥器、温度计、压力计和流量计、旋叶式真空泵(流量≥60L/min)、JYP－Ⅱ型静压平衡型烟尘浓度测定仪、秒表。

四、实验内容

(1) 检查所有设备和仪器的完整性，确认没有损坏。将采样管、滤筒、流量计量装置和抽气泵按照规定顺序连接。确保所有连接处使用密封材料(如胶带)密封，防止漏气。将采样管固定在气体流动的管道中，确保采样点位置符合实验设计，避免因位置不当引起测量误差。

(2) 启动抽气泵，观察其运行状态，确保正常工作。调节流量计，逐步调整流量阀，确保气体流量稳定在所需范围内。通过观察流量计的读数进行调整。检查压力偏差指示器，确保显示为“0”。如果不为“0”，需调整采样系统，直至静压平衡。

(3) 在管道中选择多个采样点，确保每个采样点的气流速度相等，以获取具有代表性的样本。在每个采样点开启采样系统，记录每个点的流速和采样体积，确保数据的一致性和可比性。

(4) 确保所有采样点的取样时间保持一致，以提高数据的可比性。

(5) 完成采样后，取下滤筒，称量其中采集到的尘粒质量，并记录数据。确保在称量过程中避免样品的损失。

(6) 记录每个采样点的含尘浓度及对应的采样体积，确保所有数据准确无误，以便后续数据分析和计算。

五、实验结果

(1) 含尘浓度计算：

根据采样数据，计算每个采样点的含尘浓度：

$$C=\frac{g}{V_g}$$

计算同一断面上的平均粉尘浓度：

$$C_{\text{avg}}=\frac{C_1V_1+C_2V_2+\cdots+C_nV_n}{V_1+V_2+\cdots+V_n}$$

(2) 粉尘排放量计算：

使用通风量计算粉尘排放量：

$$Q_p=C_p\times Q_2$$

(3) 收尘效率计算：

$$\eta=\left(\frac{G_1-G_2}{G_1}\right)\times 100\%$$

第五章 防火防爆技术实验

“防火防爆技术实验”是安全工程本科专业中的核心实践课程，本课程旨在通过实验操作和理论学习，使学生掌握防火防爆的基本理论、技术原理和实践技能，培养学生分析和解决工程中的防火防爆问题的能力。

课程内容涵盖了燃烧与爆炸的基础理论、防火防爆的基本技术、工业场所的防火防爆措施，以及火灾爆炸事故的应急处理等方面。学生将通过实验学习如何测定和分析可燃气体的爆炸极限、评估物质的燃烧特性、设计和测试阻火和泄爆装置，以及使用现代监测仪器进行火灾和爆炸的预防和控制。

实验操作强调安全性、准确性和工程实践的结合，学生将在教师的指导下，完成一系列设计性、综合性实验任务，以提高其工程实践能力和创新能力。此外，课程还包括对工业通风与除尘领域新经验、新成果和新进展的介绍，以拓宽学生的视野。通过本课程的学习，学生将能够独立进行工业防火防爆技术的设计和评估，为未来的工程实践或研究工作打下坚实的基础。

实验一　绝热材料导热系数测定实验

一、实验目的

(1) 测量绝热材料的导热系数和比热容，掌握其测试原理和方法；

(2) 掌握使用热电偶测量温差的方法；

(3) 确定实验材料导热系数与温度的关系。

二、实验原理

DRM-Ⅱ型导热系数测试仪以非稳固导热原理为基础，在实验材料中短时刻加热，使实验材料的温度发生转变，依照其转变的特点，通过导热微分方程的解，即可计算出实验材料的导热系数、导温系数和比热。

导热是物体相互接触时，由高温部分向低温部分传播热量的过程，当温度的变化只沿着一个方向(设 Z 方向)进行时，热传导的基本公式可写为：

$$\mathrm{d}Q=-\lambda\left(\frac{\mathrm{d}T}{\mathrm{d}z}\right)_{z_0}\mathrm{d}s\cdot\mathrm{d}t$$

表示在 $\mathrm{d}t$ 时间内通过 $\mathrm{d}s$ 面的热量为 $\mathrm{d}Q$。$\mathrm{d}T/\mathrm{d}z$ 为温度梯度。λ 为导热系数，其大小由物体本身的物理性质决定，单位为 W/(m·K)，是表征物质导热性能大小的物理量。式中负号表示热量传递向着降低的方向进行。

三、实验装置

1. 实验仪器：DRM-Ⅱ型导热系数测试仪

建筑及保温材料愈来愈普遍地应用于各类工程中，而这些材料具有一系列的热物理特性，在进行热工计算时，往往涉及这些热特性，为使计算准确，就必须正确地选择材料热物理指标，使其与材料实际利用情形相符，否则，计算公式不管如何准确，所取得的结果与实际情形仍然会有特别大的不同。材料的热物理特性受许多因素的影响，例如：材料的化学成分、密度、温度、湿度等，其中湿度对材料的影响特别大，而在实际利用中，由于受气候、施工水分、生产和利用状况等各方面的影响，材料往往会必然含有水分，如此，将会致使材料的保温性能下降。因此，在热工计算中必须考虑这个问题，准确测定含湿状态下材料的热物理特性是十分必要的。

该仪器的特点是：装置简单、准确度高、实验速度快(一次实验 10min)，在一次实验中可同时测出材料的导热系数、导温系数和比热容，而且能测量不同含湿状态下的热物理性能。

2. 实验组成

依照非稳态导热原理成立的导热系数实验装置是由电源、测温仪表、一个面加热器和放置在加热器两侧相同材料的三块试件及测温热电偶组成。仪器装置共分三部分：①试件部分：包括试件、试件台及夹具。为便于放置热电偶及加热器，试件分成三块(两块厚、一块薄)，试件之间夹以热电偶与加热器并用夹具固紧。②加热系统：包括加热器、4650 数显可编程电源。加热器用直径为 0.2mm 的康铜丝绕成三段并联的形式，并用薄的绝缘绸布固定。4650 数显可编程电源可精准显示通过加热电器的电流值、电压值、功率。③温度测量系统：温度测量采用直径为 0.1mm 的铜-康铜热电偶。测量温度的仪表是 AL708 高精度数显温度表。

四、实验数据记录与结果处理

五、思考题

（1）绝热材料在该实验导热系数测定仪中如何进行导热系数测量?

（2）材料导热系数的测定有何价值?(从生活、工程、科研等方面进行阐述)

实验二 建材烟密度测定实验

一、实验目的

(1) 了解建材烟密度测试原理;

(2) 掌握运用 JCY-3 型建材烟密度测试仪测定常见材料烟密度的基本方法;

(3) 评价常见材料的燃烧性能。

二、实验原理

材料在烟箱中燃烧产生烟气，烟气中固体尘埃会通过烟箱的光反射，造成光通量的损失。通过测量光通量的变化来评价烟密度大小，从而确定在燃烧和分解条件下建筑材料可能释放烟的程度。

三、仪器设备、材料

1. 仪器介绍

(1) 仪器结构及概述。

分为烟箱和控制两大部分，其中烟箱部分的左右两侧面板上，有电源开关、安全标志开关(背灯开关)、燃气调节装置，另外还有控制排风机的开关(风机开关)。

JCY-3 型建材烟密度测试仪是根据国家标准 GB/T 8627—2007《建筑材料燃烧或分解的烟密度实验方法》所规定的技术条件而研制的。该产品相对于原来利用单片机技术实现测试功能的仪器，具有以下特点：①完全采用微计算机技术，自动化程度高，安全可靠；②每台设备配备三块标准滤光片，对光源校对的数据具有代表性；③该仪器结构设计合理，操作维修方便，适用于建筑材料及其制品、固体材料燃烧静态产烟量的测定。

(2) 仪器的工作条件。

环境温度 0~40℃；相对湿度<85%；供电电压及功率 220V±10%、50Hz、100W；纯度不小于 85%的丙烷或 LPG 燃气等可燃气体；燃气压力 0~0.3MPa(可调节)；环境及实验要求，仪器工作时应避免强光直接照射或反射到仪器上；实验进行 90min 后，应关闭燃气源对仪器降温 15min；环境气流，工作状态时无强制空气流动现象；仪器应放在通风橱内进行实验。

2. 试件材料

(1) 测试材料：塑料、橡胶、纤维、泡沫塑料、硬纸板、木板等，如图 1.5.1 所示。

(2) 试样尺寸：每个试样长、宽、厚等于 25mm×25mm×6mm，也可以是其他尺寸，但尺寸不宜过大。

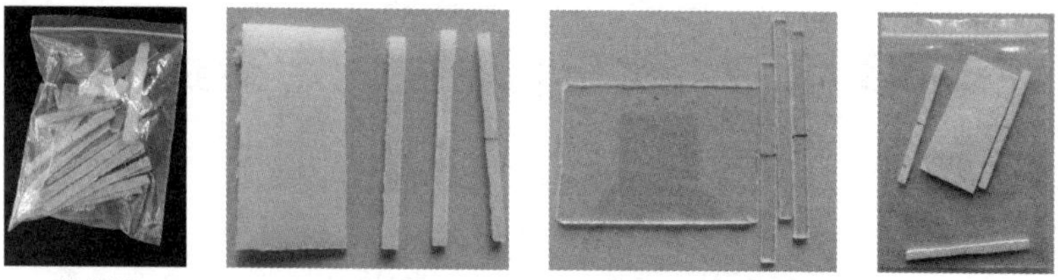

(a)薄木板　(b)聚乙烯　(c)聚甲基丙烯酸甲酯　(d)聚丙烯

图 1.5.1　测试材料

四、实验步骤

(1) 接通电源、气源及相应的连接线，打开仪器上的电源开关和背灯开关，燃烧箱内有光束通过，预热 15min。

(2) 打开计算机中的“烟密度”应用程序，点击“校准”，点击“插入遮光片”，插入后再点击“确定”，点击“移出遮光片”，移出后再点击“插入滤光片”，插入后再点击“确定”，微调“满度”校准。分别用三块标准滤光片进行挡光束实验，其“光通量”数显值分别与标准滤光片的标定透光率值之差三次平均值应小于3%(绝对值)，关闭仪器左上角的排风扇开关。

(3) 打开燃烧箱门，把试样放入试样架框内，其位置应处于本生灯转入工作状态时燃烧火焰对准试样下表面中心。

(4) 打开燃气阀门和仪器上的“燃气开关”，用明火或点火枪点着本生灯，调节“燃气调节”使仪器上压力表指示 210kPa。

(5) 点击“实验一”，进行第一个试样的实验，记录样品出现火焰的时间，火焰熄灭时间，样品烧尽的时间，安全出口标志由于烟气累积而变模糊的时间，一般的和不寻常的燃烧特性，如熔化、滴落、起泡、成炭。

(6) 每次实验结束后，应立即打开烟箱门，启动排风机排出烟箱内的残烟，同时用镜头纸清洁箱内的两个玻璃圆窗。

(7) 一组实验的数据未采集前，不得按复位键。

(8) 依次进行“实验二”“实验三”。

(9) 生成实验报告。

(10) 实验完毕后关闭燃气，关闭电源及光源。

(11) 待试样燃烧完全结束或人工将火焰熄灭后，确保无安全隐患将试样从实验装置中取出，测试全部结束后清洁烟箱。

五、实验注意事项

(1) 使用规定的电压，仪器用电应有接地线；

（2）测试样品时，某些材料会释放有毒有害气体；

（3）建议检测应在通风良好的环境中进行，并做好人体防护；

（4）使用液化气、天然气、煤气等燃气源时，各管路接口不应漏气，通气管老化应及时更换，用“长明灯”作明火源时，务必先点着“长明灯”，然后开启有关燃气阀门；

（5）实验时操作人员不能离开实验现场；

（6）计算机控制的设备应防止病毒的侵袭；

（7）配备灭火器材，实验结束时应关闭所有电源、气源。

六、思考题

（1）如何用烟密度评价材料的燃烧性能？

（2）以测试样品为例，说明材料烟密度的影响因素。

（3）运用所学知识对观察到的现象进行分析，要求书写工整、内容完整、不少于200字（另附页）。

实验三　聚合物热分解特性分析实验

一、实验目的

（1）了解 motis 锥形量热仪的实验原理；

（2）掌握运用 motis 锥形量热仪的基本使用方法；

（3）评价常见材料阻燃的综合性能。

二、实验原理

锥形量热仪的主要工作原理是耗氧原理，当样品件在锥形电加热器的热辐射下燃烧时，火焰就会消耗掉空气中一定浓度的氧气，并释放出一定的燃烧热值。

三、仪器设备

实验仪器设备如图 1.5.2 所示。

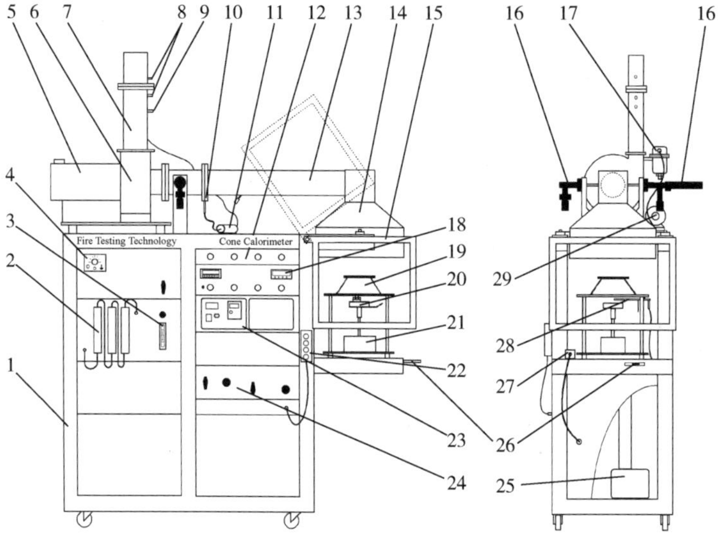

图 1.5.2　标准型锥形量热仪简图

1—仪器箱体；2—圆柱状过滤器；3—气体流量计；4—调速装置；5—变速电动机；6—鼓风机；7—排烟管；8—测压端口；9—测温热电偶；10—样品气取样环；11—烟尘过滤管；12—按钮开关控制面板；13—吸烟管道；14—引风罩；15—防护罩；16—激光测烟系统；17—样品气过滤系统；18—温度控制调节器；19—锥形电加热器；20—样品燃烧盒；21—称重传感器；22—远程控制手柄；23—氧气分析仪；24—气体流速控制板；25—制冷装置；26—隔热板转动手柄；27—甲烷燃烧器；28—电子脉冲点火器；29—真空泵

四、实验步骤

（1）总电源打开，打开电脑；

（2）打开分析柜上 Main Power，打开光路电源 Light 和分析仪电源 Analyser，这两个都须要预加热至少 1h，开始测试前打开抽气泵（Pump）、排烟风机（Blower On）与辐射锥加热按钮（Cone Heater）；

（3）校准，打开风机保持流速 24m/s，再进行光路校准；

（4）称重，在测试之前操作，将不带样品的试样盒放在秤上，然后去皮、称重，拿下试样盒；

（5）测试之前，要先将热流计的参数填写到对应信号里，将辐射锥加热到一定温度，待温度稳定后，插入热流计(注意：在插入热流计之前，必须将循环冷却水打开)，打开挡板，此时软件上面显示辐射值，如果辐射值没满足要求，需要将辐射锥的温度调高，相反则调小；

（6）测试，首页点击“开始测试”并选择材料，填写试样信息，点击“基线测试”，60s 后软件提示放试样盒，此时将装好样品的试样盒放在秤上，手动将点火针移到试样盒上方，打开挡板，放下玻璃罩，并点击“正式开始”按钮；

（7）点火，在软件上点击“点火计时”，样品烧完时，火焰熄灭，在软件上点击“熄灭计时”，自动记录点火时间和熄灭时间，如果点火针长时间点 30s 后，点火针会自动停止，此时需要手动在软件上点一下“点火”，过 2s 再点一下“点火”，点火针会重新开始点火；

（8）样品烧完，等热释放值降为 0，点击终止测试后，即可查看数据报告；

（9）结束，关掉所有的钢瓶气，关掉量热仪排风管，关掉锥形加热器，圆锥形加热器一冷下来就关掉水源，确保所有被测样品都已熄灭，最后打开冷凝器出水阀门。

五、实验注意事项

（1）氧气管路上的过滤装置，需要定期更换和清理，两瓶变色硅胶颜色变淡了，需要进行更换；

（2）使用规定的电压，仪器用电应有接地线，避免触电伤害；

（3）测试样品时，某些材料会释放有毒有害气体；

（4）建议检测应在通风良好的环境中进行，并做好人体防护；

（5）实验时操作人员不能离开实验现场；

（6）配备灭火器材，实验结束时应关闭所有电源、气源。

六、思考题

（1）材料的阻燃性在生活以及工程中存在什么影响？

（2）实验过程中存在哪些危险类型？该如何避免？

（3）依据材料的阻燃特性，试提出相关的消防安全防护措施及办法。

实验四　材料的氧指数测定实验

一、实验目的

（1）明确氧指数的定义及其用于评价高聚物材料相对燃烧性的原理；
（2）了解 JF-3 型氧指数测定仪的结构和工作原理；
（3）掌握运用 JF-3 型氧指数测定仪测定常见材料氧指数的基本方法；
（4）评价某些材料的燃烧性能。

二、实验原理

1. 氧指数的定义

所谓氧指数(Oxygen Index，OI)，是指在规定的实验条件下，试样在氧-氮混合气体中，维持平稳燃烧(即进行有焰燃烧)所需的最低氧气浓度。以氧所占的体积百分数的数值表示(即在该物质引燃后，能保持燃烧 50mm 长或燃烧时间 3min 时所需要的氧、氮混合气体中最低氧的体积百分比浓度)。

$$OI=\frac{[O_2]}{[N_2]+[O_2]}\times 100\%$$

式中$[O_2]$和$[N_2]$分别为氧气和氮气的体积流量。

用氧指数来判断材料在空气中与火焰接触时燃烧的难易程度是非常有效的。一般认为，$OI<27$ 的属易燃材料，$27\leqslant OI<32$ 的属可燃材料，$OI\geqslant 32$ 的属难燃材料。JF-3 型氧指数测定仪，就是用来测定物质燃烧过程中所需氧的体积分数。

2. 氧指数的测定

氧指数的测试方法，就是把一定尺寸的试样用试样夹垂直夹持于玻璃燃烧筒内，其中有按一定比例混合的向上流动的氧氮气流。点着试样的上端，观察随后的燃烧现象，记录持续燃烧时间或燃烧过的距离，试样的燃烧时间超过 3min 或火焰前沿超过 50mm 标线时，就降低氧浓度；试样的燃烧时间不足 3min 或火焰前沿不到标线时，就增加氧浓度。如此反复操作，从上下两侧逐渐接近规定值，至两者的浓度差小于 0.5%。

三、实验仪器

JF-3 型氧指数测定仪(图 1.5.3)由玻璃燃烧筒、试样夹、流量控制系统及点火器组成。JF-3 型氧指数测定仪自动显示氧指数值。

燃烧筒为一耐热玻璃管，筒的下端插在燃烧柱基座上，基座内填充一定高度的玻璃珠，玻璃珠上放置一金属网，用于遮挡燃烧滴落物。试样夹为金属弹簧片，样品夹具有两种：

一种用于自支撑材料，如塑料棒、片等，另一种用于难以自支撑的薄片材料、柔软材料，如薄膜、纺织物等。流量控制系统由压力表、稳压阀、调节阀、转子流量计及管路组成。点火器火焰长度可调，实验时火焰长度为10mm。环境气源由氧气瓶和氮气瓶提供，使用的压力不应低于0.3MPa。点火器是一根带弯的金属管，其末端具有内径为2mm的喷嘴，能深入燃烧管内点燃样品。点火器用的燃料气标准气体为未混空气的丙烷气，一般也可采用丁烷气、石油液化气、天然气。

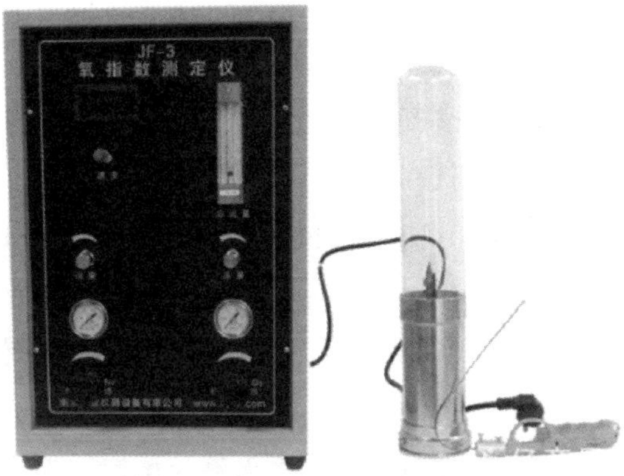

图 1.5.3　JF-3 型氧指数测定仪

试样尺寸根据材料的不同而异，一般能够自支撑的样品尺寸为长 80～150mm、宽 10mm、厚度 4～10mm；非自支撑的样品尺寸为长 140mm、宽 52mm、厚度<10.5mm。

四、实验材料

（1）材料：填充聚合物压延片。

（2）试样尺寸：每个标准试样长、宽、高等于(120mm)×(6.5mm±0.5mm)×(3.0mm±0.5mm)。

非标样长、宽、高等于(100mm)×(5mm±0.5mm)×(3.0mm±0.5mm)。

（3）试样数量：每组应制备 3～5 个标准试样。

（4）外观要求：试样表面清洁、平整光滑，无影响燃烧行为的缺陷，如气泡、裂纹、飞边、毛刺等。

（5）试样的标线：距离点燃端 50mm 处画一条刻线。

五、实验步骤

（1）检查气路，确定各部分连接无误，无漏气现象。

（2）确定实验开始时的氧浓度：根据经验或试样在空气中点燃的情况，预估开始实验时的氧浓度。如试样在空气中迅速燃烧，则开始实验时的氧浓度为 18%左右；如在空气中缓慢燃烧或时断时续，则为 21%左右；在空气中离开点火源即马上熄灭，则至少为 25%。氧浓度确定后，在混合气体总流量为 10L/min 的条件下，便可确定氧气、氮气的流量。例如，若氧浓度为26%，则氧气、氮气的流量分别为 2.6L/min 和 7.4L/min。此时数显窗口数值，即为当前的氧浓度值“26”。

（3）安装试样：将试样夹在夹具上，垂直地安装在燃烧筒的中心位置上(注意要画 50mm 标线)，保证试样顶端低于燃烧筒顶端至少 100mm，罩上燃烧筒(注意燃烧筒要轻拿轻放)。

(4) 通气并调节流量：开启氧、氮气钢瓶阀门，调节减压阀压力为0.2~0.3MPa，然后开启氮气和氧气管道阀门(在仪器后面标注有红线的管路为氧气，另一路则为氮气，应注意：先开氮气，后开氧气，且阀门不宜开得过大)，调节稳压阀，仪器压力表指示压力为0.1MPa±0.01MPa，并保持该压力(禁止使用过高气压)。调节流量调节阀，通过转子流量计读取数据(应读取浮子上沿所对应的刻度)，得到稳定流速的氧、氮气流。应注意：在调节氧气、氮气浓度后，必须用调节好流量的氧氮混合气流冲洗燃烧筒至少30s(排出燃烧筒内的空气)。

(5) 点燃试样：用点火器从试样的顶部中间点燃，勿使火焰碰到试样的棱边和侧表面。在确认试样顶端全部着火后，立即移去点火器，开始计时或观察试样烧掉的长度。点燃试样时，火焰作用的时间最长为30s，若在30s内不能点燃，则应增大氧浓度，继续点燃试样，直至30s内点燃为止。

(6) 确定临界氧浓度的大致范围：点燃试样后，立即开始计时，观察试样的燃烧长度及燃烧行为。若燃烧终止，但在1s内又自发再燃，则继续观察和计时。如果试样的燃烧时间超过3min，或燃烧长度超过50mm(满足其中之一)，说明氧的浓度太高，必须降低，此时记录实验现象为“×”；如试样燃烧时间不足3min或火焰前沿在50mm之前熄灭，说明氧的浓度太低，需提高氧浓度，此时记录实验现象为“○”。如此在氧的体积百分浓度的整数位上寻找这样相邻的四个点，要求这四个点处的燃烧现象为“○○××”。例如，氧浓度为26%时，烧过50mm的刻度线，则氧过量，记为“×”，下一步调低氧浓度，在25%做第二次，判断是否为氧过量，直到找到相邻的四个点为氧不足、氧不足、氧过量、氧过量，此范围即为所确定的临界氧浓度的大致范围。

(7) 在上述测试范围内，缩小步长，从低到高，氧浓度每升高0.4%重复一次以上测试，观察现象，并记录。

(8) 根据上述测试结果确定氧指数OI。

六、实验结果处理

(1) 实验现象记录在表1.5.1中。

表1.5.1　实验现象记录

样品名称/编号	样品描述	燃烧现象	结果判断/原因解释

(2) 实验数据记录在表1.5.2中。

表 1.5.2 实验数据记录

实验次数	1	2	3	4	5
氧浓度/%					
氮浓度/%					
燃烧时间/s					
燃烧长度/mm					
燃烧现象					
点燃时间/s					
燃烧结果					

注：第二、三行记录的分别是氧气和氮气的体积百分比浓度(需将流量计读出的流量计算为体积百分比浓度后再填入)。第四、五行记录的燃烧长度和时间分别为：若氧过量(即烧过 50mm 的标线)，则记录烧到 50mm 所用的时间；若氧不足，则记录实际熄灭的时间和实际烧掉的长度。第八行的结果即判断氧是否过量，氧过量记“×”，氧不足记“○”。

(3) 数据处理

根据上述实验数据计算试样的氧指数值 OI，即取氧不足的最大氧浓度值和氧过量的最小氧浓度值两组数据计算平均值。

$$OI=\frac{[O_2]}{[N_2]+[O_2]}\times 100\%$$

(4) 材料性能评价：根据氧指数值评价材料的燃烧性能。

七、实验注意事项

(1) 试样制作要精细、准确，表面平整、光滑。

(2) 氧、氮气流量调节要缓慢，先通氮气数值显示 100%后，再通氧气。切记：氧、氮混合气体的总流量保持在 10L/min，氧、氮的输出表压显示为 0.1MPa 的刻度。

(3) 操作时禁止使用过高气压，以防损坏设备。

(4) 流量计、玻璃筒为易碎品，实验中谨防打碎。

八、思考题

(1) 什么叫氧指数值？如何用氧指数值评价材料的燃烧性能？

(2) JF-3 型氧指数测定仪适用于哪些材料性能的测定？如何提高实验数据的测试精度？

实验五　隧道法防火涂料测试实验

一、实验目的

（1）了解隧道法防火涂料测试原理；

（2）掌握运用 SDF-2 型隧道法防火涂料测试常见防火涂料性能的基本方法；

（3）评价常见防火涂料的综合性能。

二、实验原理

测试涂覆于可燃基材表面防火涂料的火焰传播特性，并以此评定防火涂料对基材的保护作用及其火焰传播性能的优劣。

三、仪器设备、材料

1. 仪器介绍

整台仪器由两大部分组成：隧道炉和控制记录箱。

（1）隧道炉是由金属钢架焊接而成，结构牢固，使用方便；隧道炉的烟道端为敞开式，隧道炉的两个侧面留有三角形的自然通风口，隧道炉低端固定位置有一供气孔。

试板支架的侧下方有一用石英玻璃或高硅玻璃制成的带刻度标记的观察窗。

（2）控制记录箱主要由电源开关、燃气流量调节与指示和点火装置以及燃烧温度记录仪组成。

2. 试件材料

（1）石棉标准板的尺寸为长 600mm、宽 90mm、厚 6~8mm。

（2）橡树木(英文名为 oak)标准板的尺寸为长 600mm、宽 90mm、厚 8~10mm。其气干密度为 0.7~0.85g/cm^3。

（3）五层胶合板的尺寸为长 600mm、宽 90mm、厚 6~7mm。

（4）试板表面应平整光滑，木质基材表面应无结疤、无缺陷，纹理与长度方向一致。试板在涂防火涂料之前，应在温度 25℃±1℃、相对湿度 60%~70%的条件下调节恒重(间隔 24h 重量变化不大于 0.1%)。

（5）试板应按照 500g/m^2(或产品说明书要求的涂覆比值或涂覆厚度)涂覆。当需要分次涂覆时，两次之间应相隔 24h。

（6）标准板和涂覆防火涂料的试板在实验前应按规定的条件调节至恒重。

四、实验步骤

（1）校准时规定，石棉标准板的火焰传播比值为“0”，橡树木标准板的火焰传播比值为“100”。

(2) 将处理过的石棉标准板光滑一面向下，置于试板支架内，再盖上绝热盖板。

(3) 打开已经调整好的喷灯供气阀，点燃燃气的同时启动计时器。观察喷灯火焰沿试件底侧面扩展的情况。每隔15s记录火焰前沿达到的距离长度值，直至4min末。实验进行至5min时，关闭燃气开关阀，依次取下盖板和试件。数据记录在表1.5.3中。

表1.5.3 数据记录

次数	1	2	3	4	5	6	7
火焰长度/mm							
次数	8	9	10	11	12	13	14
火焰长度/mm							

(4) 取相邻三个高火焰传播读数的平均值为石棉试板的火焰传播值(cm)。石棉标准板应至少有两个试件的重复测试数据，其平均值即为石棉标准板的火焰传播值(cm)。

(5) 将处理过的橡树木标准板按相同的操作程序进行实验，测得橡树木标准板的火焰传播值(cm)。以5个试板重复测试数据的平均值为其橡树木标准板的火焰传播值 Lr(cm)。

(6) 隧道炉的校正常数为：

$$K=\frac{100}{Lr-La}$$

式中 K——隧道炉的校正常数；

Lr——橡树木标准板的火焰传播值，cm；

La——石棉标准板的火焰传播值，cm。

(7) 涂复试板火焰传播的测试。

将按试件材料(6)条处理过的涂覆试板，称重后安装到隧道炉试板支架内，涂覆面向下，通过试板支架侧面的小孔插入热电偶。依照石棉标准板同样的方法进行燃烧实验，测得试板的火焰传播值 Ls(cm)。

每一防火涂料样品应至少有5个试件的重复测试数据。

(8) 其他项目。

根据需要，在测试试板的火焰传播值时，还可以选择测试板的“延燃时间”(s)、“余尽时间”(s)、“膨胀发泡高度”(mm)、“背温升高值”(c)、“燃烧失重”(g)、“碳化体积”(cm^3)等项目数据。

五、火焰传播比值的计算

试板的火焰传播比值由下式计算：

$$F_{sr}=K(Ls-La)$$

式中 F_{sr}——试板的火焰传播比值；

K——隧道炉的校正常数。

六、防火涂料的防火性能

防火涂料的防火性能依照 GB 12441—2018 测得的数据分为三级(表 1.5.4)。

表 1.5.4 防火性能对照表

级别	火焰传播比值	级别	火焰传播比值
1	0~25	3	50~75
2	25~50		

七、实验注意事项

(1) 隧道炉每天使用时，应先用标准板加以校准；

(2) 使用规定的电压，仪器用电应有接地线；

(3) 测试样品时，某些材料会释放有毒有害气体；

(4) 建议检测应在通风良好的环境中进行，并做好人体防护；

(5) 使用液化气、天然气、煤气等燃气源时，各管路接口不应漏气，通气管老化应及时更换，用“长明灯”作明火源时，务必先点着“长明灯”，然后开启有关燃气阀门；

(6) 实验时操作人员不能离开实验现场；

(7) 计算机控制的设备应防止病毒的侵袭；

(8) 配备灭火器材，实验结束时应关闭所有电源、气源。

八、思考题

(1) 防火涂料的涂抹厚度及面积对实验有何影响？

(2) 不同的实验试件会对实验结果产生影响吗？如果有，请说明有何影响？

(3) 隧道炉内开始实验前是否要采取预热处理？没有预热实验数据有何差异？

实验六　材料耐火等级评定实验

一、实验目的

（1）掌握45°燃烧法用于测试装饰材料燃烧性能的原理；

（2）了解45°燃烧测定仪的构造和工作原理；

（3）掌握45°燃烧实验方法的基本步骤；

（4）能够运用45°燃烧仪依据不同标准对不同种装饰材料的燃烧性能进行分级。

二、实验原理

45°测试方法规定试样45°倾斜放置(试样的长度方向与水平线呈45°)，燃烧源在试样下方的上表面或下表面引燃试样(有的方法规定为上表面，有的方法则规定为下表面)，测量试样向上燃烧一定距离所需的时间或测量试样燃烧后的续燃和阻燃时间、火焰蔓延速度、碳化长度(损毁长度)、碳化面积(损毁面积)或测量试样燃烧至试样下端一定距离处需要接触火焰的次数等与阻燃性能有关的指标，并据此来评定样品的阻燃性能级别或是否合格。

三、45°燃烧法在评级材料方面的应用

1. 45°燃烧法在纺织品燃烧性能测定方面的运用

45°燃烧法可用于测定纺织品及其他材料在45°状态下燃烧时其损毁面积和损毁长度、燃烧速率等，也可以用于测定热熔融至规定长度时接触火焰的次数，相关测试标准如表1.5.5所示。

表1.5.5　测试标准

<table>
<tr><th>国别</th><th>标准编号</th><th colspan="2">标准名称</th><th>适用范围</th><th>备注</th></tr>
<tr><td>美国</td><td>16CRF part1610</td><td colspan="2">服用织物可燃性实验方法</td><td>适用于服装制品</td><td></td></tr>
<tr><td rowspan="2">日本</td><td rowspan="2">JIS L1091—1999</td><td rowspan="2">纺织品燃烧性能的实验</td><td>A1法</td><td>适用于质地轻薄的纺织品</td><td rowspan="2"></td></tr>
<tr><td>A2法</td><td>适用于质地厚重的织物</td></tr>
<tr><td rowspan="3">中国</td><td>GB/T 14644—2014</td><td colspan="2">纺织品-燃烧性能45°方向燃烧速率的测定</td><td>适用于服装用纺织品</td><td>16CRF part1610测试方法一致</td></tr>
<tr><td rowspan="2">GB/T 14645—2014</td><td rowspan="2">纺织品-燃烧性能45°方向损毁面积和接焰次数的测定</td><td>A法</td><td>各类纺织织物</td><td rowspan="2"></td></tr>
<tr><td>B法</td><td>适用于熔融燃烧的织物</td></tr>
</table>

2. 45°燃烧法在建材燃烧性能测定方面的运用

中国台湾对建材中防焰材料的研究和应用比较多，建筑装修时要求采用防焰和难燃材料。台湾消防法和防焰安全中心一直积极推进防焰标准。要求建材装饰材料，包括纺织物、板材和地毯等，都必须达到防焰性能要求和认证等，与我国大陆规定纺织品、地毯、建材等的标准和实验方法及分级不同。

防焰材料的定义：具有防止因微小火源而起火，或迅速蔓延性能的装修材料或装饰制品。

相关测试标准：布质料方面，主要是以 CNS 为测试标准的依据；可查询 http：//www. cnsonline. com. tw/。

3. 耐火情况判断

（1）炭化长度——试样加热面炭化明显的强度变化部分，在试样夹的纵向上测量最大长度。

（2）残焰——加热结束时试样着火至火焰消失的明火持续燃烧时间。

（3）残烬——试样从明火焰消失时而进入无焰燃烧状态（根据在加热结束 1min 后的观察来判断：如果从表面不能观察内部无焰燃烧的材料，待加热结束后 1min 内用小刀在试样原火焰燃烧处刮约 10mm 宽的刀痕，从中进行观察）。

四、实验仪器及试样制备

1. 试样夹

A 法：试样夹持器（图 1.5.4）由两块厚 2.0mm、长 490mm、宽 230mm 的不锈钢框架组成，其内框尺寸为 250mm×150mm。

B 法：试样支承螺线圈（图 1.5.5）由直径为 0.5mm 硬质不锈钢丝，绕制成内径为 10mm、线与线间距为 2mm、长 150mm 的线圈。

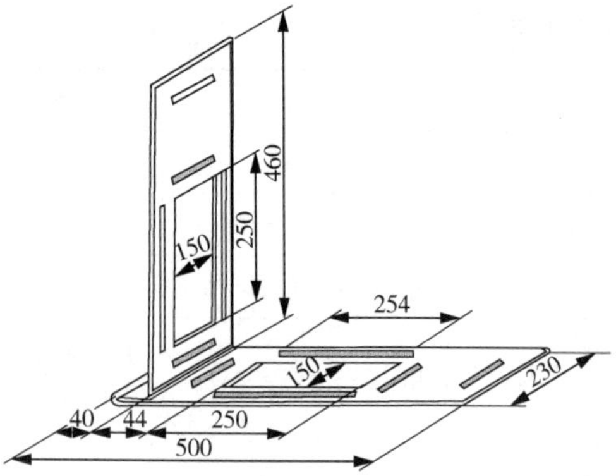

图 1.5.4　实验夹

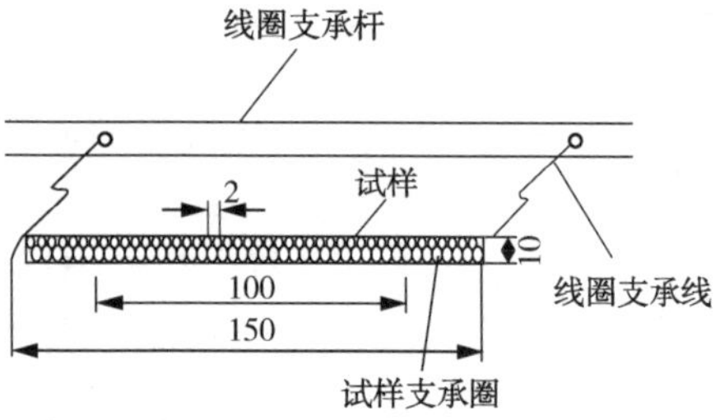

图 1.5.5　试样架

2. X 试样

（1）试样尺寸。

A 法：每块试样的尺寸应为 330mm×230mm，长的一边要与织物的经向或纬向平行。

B 法：每块试样长 100mm，质量为 1g，长的一边要与织物的经向或纬向平行。

（2）试样数量。

A 法：每一样品，经、纬向各取 3 块，若织物两面不同，需另取一组试样，分别对两面实验。

B 法：每一样品经纬向各取 5 块。

（3）试样的调湿。

试样在 20℃±2℃和 65%±2%的标准大气中平衡，放置 8~24h(视织物厚薄而定)，然后取出放入密封容器内。若试样不怕受热影响，则可在烘箱里于 105±3℃干燥不少于 1h，然后在干燥器中至少冷却 30min。

（4）45°大型网眼燃烧器法测试平板材料难燃性实验。

技术指标：

① 本生灯内径：20mm±1mm；

② 环境温度：-10~40℃；

③ 相对湿度：≤85%。

3. Y 试样

（1）试样尺寸。

300mm×200mm，厚度不大于 5mm。

（2）试样状态调节。

A 法：将大致干燥状态的试样，在 50℃±2℃的环境中干燥 48h，然后放入有硅胶的干燥器内，24h 后进行施加火焰实验。

B 法：将试样放入比试样重 20 倍以上的 50℃温水中浸泡 30min，取出放入 50℃±2℃的环境中干燥 48h，后放入有硅胶的干燥器内，放置 24h 后进行施加火焰实验。

五、实验步骤

1. 纺织品燃烧性能 45°方向，损毁面积和接焰次数测定

A 法实验步骤：

（1）在温度为 10~30℃和相对湿度为 15%~80%的大气条件下进行实验。

（2）点着点火器并预热 2min，调节火焰高度使点火器顶端至火焰尖端的距离为45mm±2mm，点不着的厚型纺织品，采用大喷嘴点火器(图 1. 5. 6 所示)。火焰高度为 65mm，点火器顶端与试样表面距离为 65mm，点火时间为 120s。其他部分均按照 A 法。

（3）将试样放入试样夹中，并用固定针固定，使之不松弛。

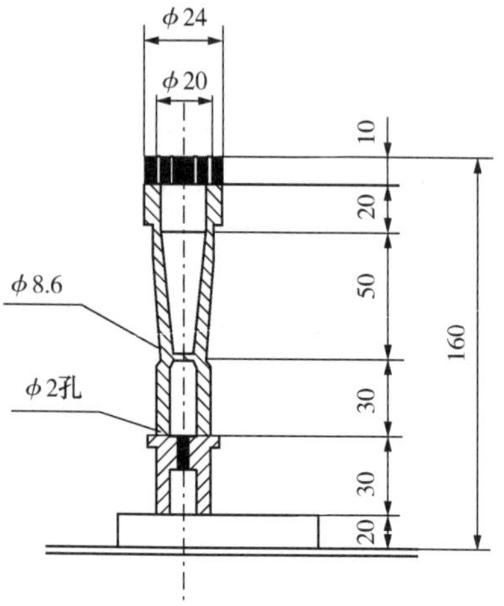

图 1.5.6　点火器

（4）将夹好试样的试样夹 45°方向放在燃烧实验箱中，点火器顶端与试样表面距离为 45mm。

（5）用计时装置控制点火器对试样点火，点火时间为 30s，试样从密封容器中取出至点火必须在 1min 以内。

（6）观察和测定续燃和阴燃时间，记取至 0.1s。

（7）打开实验箱，取出试样夹，卸下试样，待试样移开后，应清除实验箱中的烟、气及碎片，再测试下一个试样。

（8）用求积仪测定损毁面积，测量损毁长度。

B 法实验步骤：

（1）在温度为 10~30℃和相对湿度为 15%~80%的大气条件下进行实验。

（2）点着点火器并预热 2min，调节火焰高度在未安装支承螺线圈的情况下为 45mm ±2mm。

（3）将试样迅速卷成圆筒状塞入试样支承螺线圈中。

（4）将试样支承螺线圈 45°方向放在燃烧实验箱中，并调至试样最下端与火焰接触。

（5）对试样点火，当试样熔融、燃烧停止时，重新调节残存的试样，使之最下端与火焰接触，反复进行这一操作，熔融燃烧距试样下端 90mm 处时为止。

（6）记录试样熔融燃烧到 90mm 处所需接触火焰的次数。

（7）打开实验箱，取出试样支承螺线圈，去掉残留物，清除实验箱中的烟、气，再测下一个试样。

2. 45°大型网眼燃烧器法测试平板材料难燃性实验

（1）接通仪器电源、气源，打开仪器电源开关，移出试样夹。

（2）打开气源阀门和仪器上的“燃气开关”，调节“燃气调节”阀(反时针)，同时按“点火”按钮点着本生灯，调节燃气使本生灯火焰高 65mm，火焰调好后关闭“燃气开关”。

（3）将试样放入试样夹内，夹好后装入实验箱的倾斜支架上关闭箱门。

（4）施加火焰时间分别为：10s、20s、30s、1min、2min、3min 六种，各试样施加火焰时间定为 3 次。

（5）观察试样的炭化长度、残焰、残烬等，同时记录实验中的其他燃烧状态。

（6）实验结束，关闭电源、气源，仪器维护。

六、实验数据记录与结果分析

（1）纺织品燃烧性能 45°方向，损毁面积和接焰次数测定。

（2）45°大型网眼燃烧器法测试平板材料难燃性实验。

七、思考题

(1) 耐火等级划分标准的意义是什么?

(2) 影响材料耐火等级的主要因素有哪些?

(3) 耐火等级评定实验中，如何确保测试结果的准确性和可靠性?

第六章 电气安全实验

“电气安全实验”实验部分着重于电气安全领域的理论与实践技能的结合，旨在培养学生分析和解决电气安全问题的能力。课程内容涵盖了电气安全基础知识、电击防护、电气火灾与爆炸预防、雷电和静电防护、电气设备的安全性评估及故障诊断等。通过一系列设计性、综合性实验，学生将学习使用现代电气安全检测设备，进行电气系统的安全性能测试，掌握电气安全风险评估方法，并能够对实验数据进行准确分析。

实验操作注重实践性和安全性，学生将在专业教师的指导下，完成包括但不限于电气设备的绝缘电阻测试、接地系统的安全性评估、电气火灾监控系统的调试等实验任务。此外，课程还包括电气安全事故案例分析，以提高学生的安全意识和应急处理能力。通过对本课程的学习，学生将能够独立进行电气安全检测与评估，为将来在电气安全领域的工程实践或研究工作打下坚实的基础。

实验一　电流感知实验

一、实验目的

(1) 实验让参与者体验小电流通过人体的感觉，以直观了解电流的生理影响；

(2) 通过调整电流大小，观察人体反应，理解电流对伤害程度的影响；

(3) 增强对电气安全的重视，预防事故；

(4) 通过记录和讨论，科学分析电流对人体的影响。

二、实验原理

实验基于电流对人体生理反应的影响，通过控制小电流流过人体，观察和记录不同电流强度下的感觉，以确定感知电流的阈值和电流强度与人体感觉之间的关系。实验还模拟了静电放电过程，让参与者体验并理解其原理和影响，同时强调了安全的重要性，特别是对于有特定健康问题的人群。

其涵盖了电流感知阈值的确定、电流强度与人体感觉的关系、电流路径的影响，以及人体电阻随皮肤湿度变化的原理。通过这些原理，实验旨在提高参与者对电流潜在危险的认识，并在实际操作中增强电气安全意识。电流感知实验原理如图 1.6.1 所示。

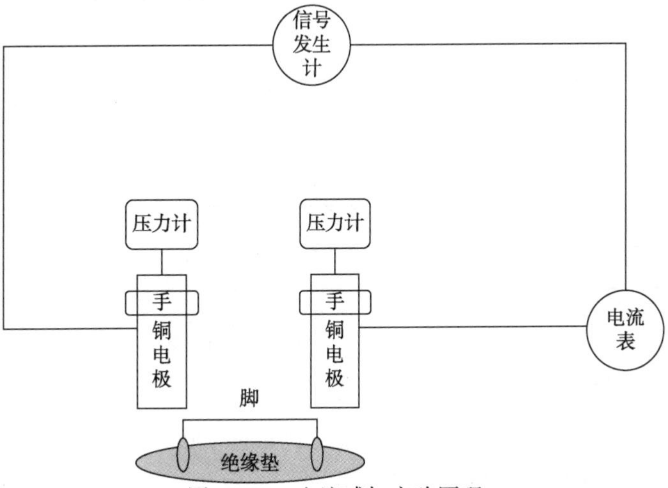

图 1.6.1　电流感知实验原理

三、实验步骤

(1) 选择 AQYD1 实验台 2 号挂箱，准备 500 或 1000 型兆欧表。

(2) 将兆欧表的 L(红)端连线、E(黑)端连线分别连接到 AQYD02 的挂箱 L(红)、E(黑)插孔。

(3) 检查挂箱“感知放电开关”并将其扳到“感知”位置。

(4) 被试将单手平按在 AQYD02 挂箱两块不锈钢实验极板上。

(5) 此时实验助手由慢至快(缓慢增速)摇动兆欧表。

(6) 被试不能忍受时将手抬起。

(7) 将双手分别接触两极板重复以上过程。

四、实验结果

以上过程中时刻观察感知电流表的数值，并密切关注身体的感受，测试完成填写表 1.6.1。

被试与助手交换角色重复以上实验并填写表 1.6.2。

表 1.6.1 感知电流测试-1

感知电流测试表 姓名：	性别：	年龄：
电流/mA	测试感觉(单手时)	测试感觉(双手时)
1		
2		
3		
4		
5		

表 1.6.2 感知电流测试-2

感知电流测试表 姓名：	性别：	年龄：
电流/mA	测试感觉(单手时)	测试感觉(双手时)
1		
2		
3		
4		
5		

将多名被试所填写的表格进行比较，讨论并得出结论。

下面再做一个模拟静电放电的实验，线路连接同上：

(1) 检查挂箱“感知放电开关”并将其扳到“放电”位置。

(2) 摇动 500 型兆欧表直至其指针指向“∞”。

(3) 停止转动兆欧表。

(4) 用手同时接触两块实验极板，此时挂箱内部电容器会在你的手上有一“放电”过程，使你感觉到轻微“触电”。

在以上第一个测试中可以故意使被试的手弄得“潮湿”一些，观察表中数据的变化。

通过以上两个测试会使大家对“电”的伤害有一个初步的认识，当 220V 电压加到人体的时候，正常情况下所流过的电流约 300mA，可想而知对人体的危害有多大。

实验二　模拟人体阻抗实验

一、实验目的

（1）通过实验，掌握人体阻抗包括电阻和电容的全阻抗特性，以及其在不同组织中的分布；

（2）使用万用表测量人体阻抗，以加深对测量方法的理解和应用；

（3）在实验中注意安全操作，同时认识到人体阻抗数值的相对性和变化性。

二、实验原理

人体阻抗是由皮肤、血液、肌肉等组织的电阻和细胞膜等的电容共同构成的复杂网络。这种阻抗特性会因个体差异、生理状态、接触面积和环境条件等因素而表现出不同的数值。本实验采用万用表进行人体阻抗的测量，通过接触人体不同部位的皮肤，测量在特定条件下的电阻值，从而间接反映人体阻抗的特性。

三、实验步骤

（1）确保所有必要的实验设备，包括万用表、连接线和挂箱 AQYD07，都已经准备就绪并处于良好工作状态。

（2）设置万用表：将万用表设置到适当的电阻测量档位，以确保能够准确测量人体阻抗。

（3）按照实验台的说明，正确连接挂箱 AQYD07 到实验台上，并确保所有连接都是安全的。模拟人体阻抗：根据实验要求，模拟人体双手间阻抗为 1kΩ 的情况，使用万用表测量从左手到身体各个部位的阻抗。

（4）在测量过程中，仔细记录下每个部位的阻抗值，以便于后续分析。

（5）将测量得到的数据与理论值进行比较，分析人体阻抗的分布情况和相对性。

人体阻抗原理如图 1.6.2 所示。

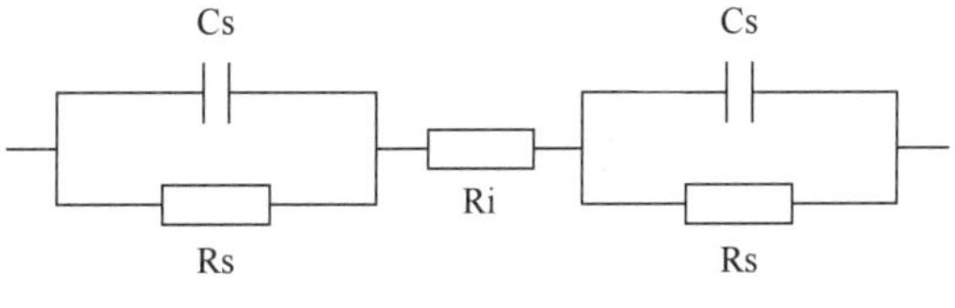

图 1.6.2　人体阻抗原理

此实验必须理解：所谓人体阻抗数值只是相对的。

四、实验结果

根据以上情况得出结论。

实验三　模拟人体跨步电压触电实验

一、实验目的

(1) 理解跨步电压的基本概念和形成原理，即当电网相线发生接地时，以接地点为圆心向周围扩散产生的电位差；

(2) 通过实际操作，学习如何使用 AQYD1 实验台 1 号挂箱 AQYD01 和 7 号挂箱 AQYD07，以及万用表进行跨步电压的测量；

(3) 通过测量不同位置的电位差，描绘出电位差与距离接地点的关系曲线，验证跨步电压的特点是“距离接地点越近电位差越高”；

(4) 连接“跨步电压触电模拟人”并观察指示灯的变化，模拟人体在不同位置时受到的跨步电压影响，加深对跨步电压危害的认识。

二、实验原理

本实验旨在通过模拟电网相线接地故障，研究电流通过地面产生的电位分布和跨步电压现象。实验利用 AQYD1 实验台和万用表测量不同距离接地点的电位差，验证距离接地点越近电位差越高的原理。通过描绘电位差与距离的关系曲线，以及使用“跨步电压触电模拟人”观察指示灯变化，直观展示跨步电压对人身安全的潜在威胁，增强对电力安全重要性的认识。实验原理基于电流在地面的分布特性，当电网相线发生接地时，电流流入地面形成电位差。由于电流在接近接地点时电位迅速下降，导致跨步电压随着距离接地点的增加而减小。通过测量和模拟实验，可以直观地展示跨步电压的存在，加深对电力安全知识的理解和应用，提高预防触电事故的能力。

实验装置：

选择 AQYD1 实验台 1 号挂箱 AQYD01 和 7 号挂箱 AQYD07，如图 1.6.3 所示，准备万用表。

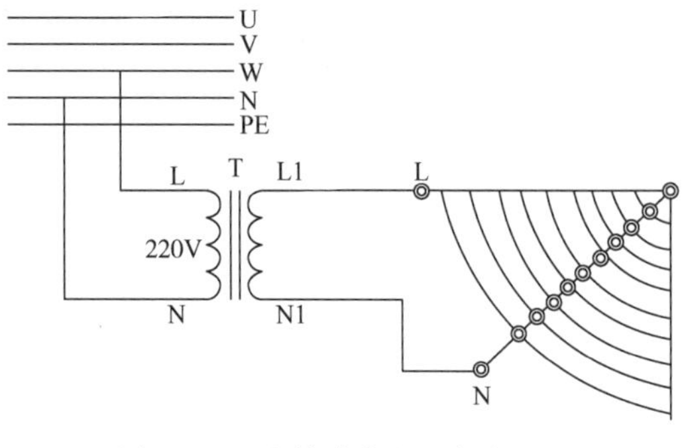

图 1.6.3　人体跨步电压实验原理

三、实验步骤

(1) 如图 1.6.4 所示连接“跨步电压触电模拟人”。

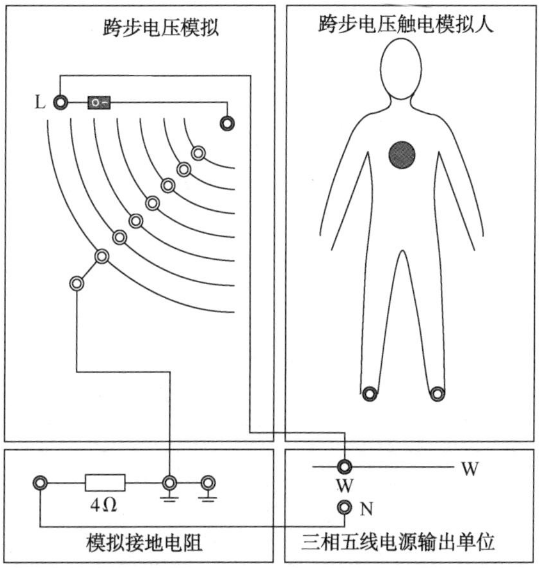

图 1.6.4 跨步电压形成接线图

(2) 合上实验台电源，合上模拟接地故障点开关，用万用表从故障接地点开始向外依次测量相邻两点的电位差，或从故障接地点开始依次向外测量每一点对“地”的电位差，描绘完成下面的曲线(图 1.6.5)(两种方法获取的曲线应相同)。

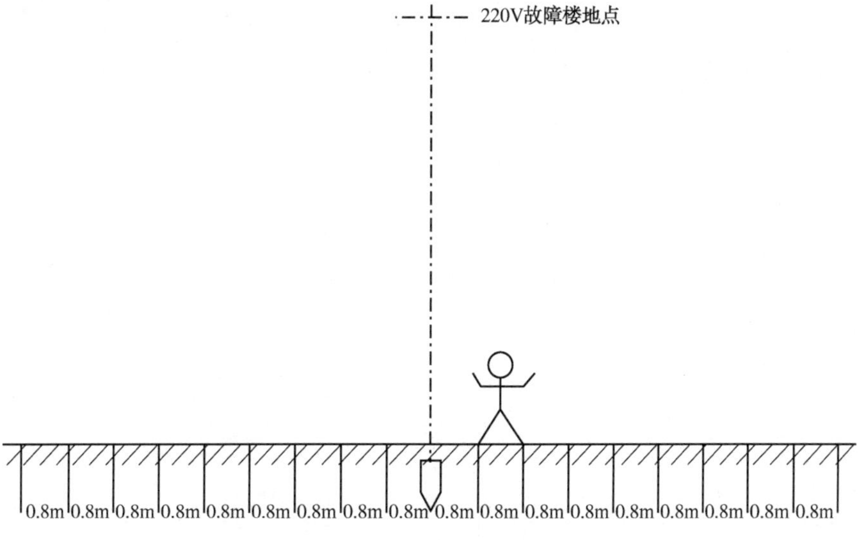

图 1.6.5 跨步电压分析图

(3) 完成以上实验后，还可以如图 1.6.6 所示连接“跨步电压实验模拟人”，使触电者的双脚从离故障接地点最近的两点开始，逐次向外移动，观察指示灯的变化情况(即指示灯的亮暗有什么变化)。

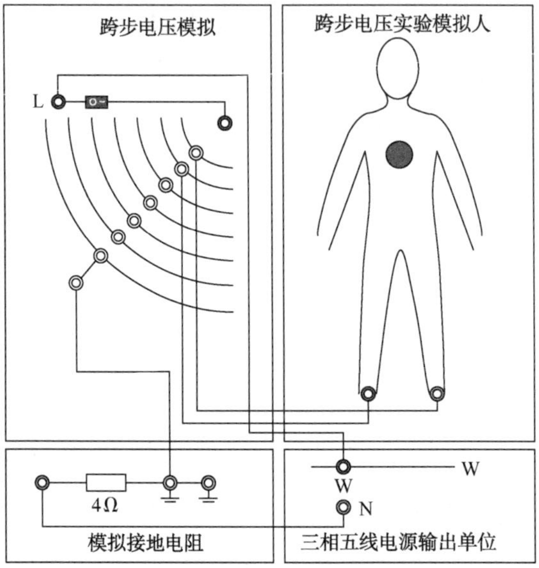

图 1.6.6　实验接线图

四、实验结果

根据以上两个实验现象得出结论。

实验四　IT 系统绝缘监视模拟实验

一、实验目的

(1) 通过模拟实验，让学生掌握不接地电网中单相接地故障时电压变化的原理；
(2) 通过实际操作电压表和实验设备，学习监测电网绝缘状态的方法；
(3) 通过实验观察、数据分析和撰写实验报告，提高学生的综合实践能力。

二、实验原理

(1) 实验模拟不接地电网中单相接地故障，观察故障相电压降低而其他两相电压升高的现象。这种电压不平衡是监测电网绝缘状态的关键指标。

(2) 利用三只相同规格的电压表测量三相电压，通过模拟故障条件并记录电压变化，分析电网的绝缘状况。实验通过 AQYD1 实验台和 AQYD05 挂箱进行，以确保模拟准确并观察电网故障对电压的影响。

实验原理如图 1.6.7 所示。

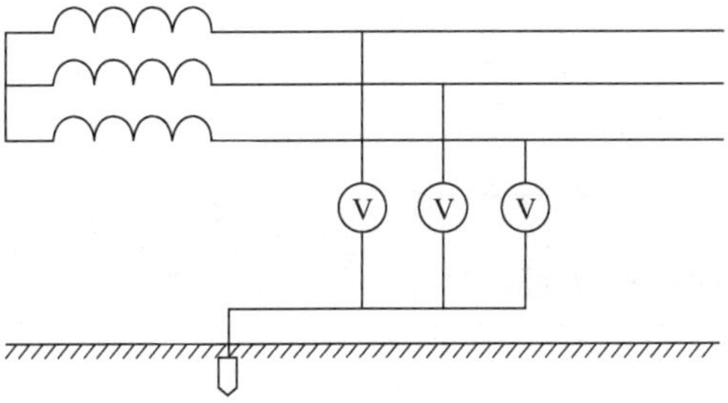

图 1.6.7　实验原理

实验装置：选择 AQYD1 实验台 5 号 AQYD05 挂箱。

三、实验步骤

线路连接：按照图 1.6.8 连线，并合上实验台电源，观察三相仪表的指示情况。

如图 1.6.9 所示接线模拟系统单相接地，观察三相仪表指示变化情况。

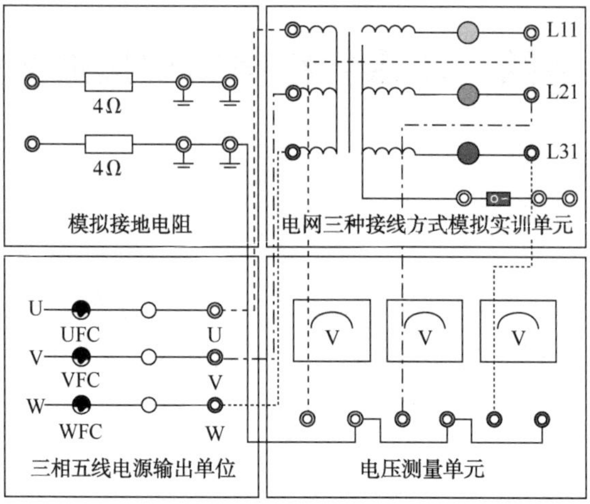

图 1.6.8　三相仪表连接示意图

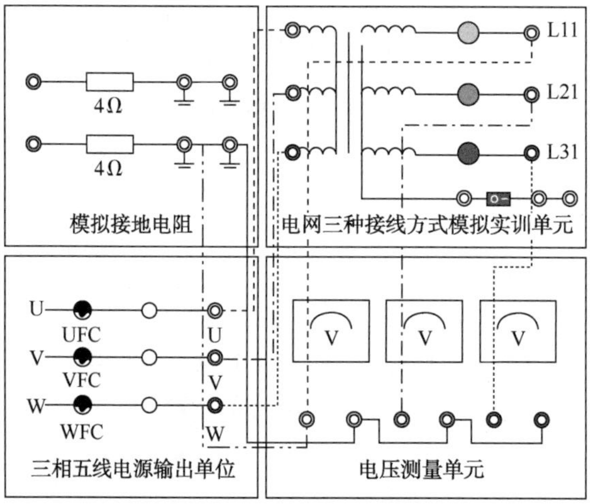

图 1.6.9　接线模拟系统单相接地示意图

四、实验结果

根据以上情况得出结论。

实验五　特低安全电压认知实验

一、实验目的

（1）理解特低安全电压的概念和保护原理，以及其在电气安全中的作用；

（2）掌握并区分在不同使用环境下特低安全电压的应用等级和选择标准；

（3）通过实际操作，使用万用表测量不同安全电压，加深对安全电压应用场合的理解，并提升实际操作能力。

二、实验原理

（1）特低安全电压通过限制可能作用于人体的电压，从而控制触电时流过人体的电流，确保其在安全范围内。根据我国的规定，安全电压的额定值分为 42V、36V、24V、12V 和 6V 等不同等级，这些等级根据使用环境的危险性、使用人员的技能水平和使用方式的安全性进行选择，以提供适当的安全保护。

（2）通过使用万用表测量 AQYD1 实验台 1 号挂箱 AQYD01 提供的 5 种不同安全电压，实验报告编写者能够验证理论值与实际值的一致性，并加深对不同电压等级在特定应用场合适用性的理解。这种实际操作有助于提升对特低安全电压重要性的认识，并在实际工作中正确选择和使用安全电压。

三、实验步骤

（1）准备并检查实验设备，包括 AQYD1 实验台 1 号挂箱 AQYD01 和万用表。

（2）测量挂箱提供的 5 种安全电压，并记录数据。

（3）将测量结果与理论值进行对比分析，记录所有测量数据和环境条件。

（4）根据实验结果撰写实验报告，总结特低安全电压的应用重要性，并提出改进建议。

四、实验结果

根据以上情况得出结论。

实验六　安全隔离变压器认知实验

一、实验目的

（1）通过模拟前后端设备漏电的情况，观察和记录人体接触时的电压情况，以验证安全隔离变压器在实际应用中是否能够有效隔离电流，防止电击事故；

（2）通过实际操作和观察，加深对隔离变压器工作原理的理解，特别是其如何通过电磁感应原理实现电气隔离，以及这种隔离如何保障人员安全；

（3）通过实验操作，提高对电气安全重要性的认识，并掌握使用安全隔离变压器进行电路维修和测试的正确方法，增强在实际工作中处理电气安全问题的能力。

二、实验原理

（1）安全隔离变压器利用电磁感应原理，通过初级线圈和次级线圈之间的电磁感应，实现电能的安全传递。

（2）通过次级绕组与地不相连的设计，实现电气隔离，确保次级绕组与地之间无电位差，防止漏电时电流通过人体，从而保障操作人员的安全。

（3）通过模拟漏电情况，观察人体接触时的电压变化，验证安全隔离变压器在漏电情况下能有效隔离电流，保护人体不受电击，从而验证其安全隔离效果。

图 1.6.10 模拟了安全隔离变压器的安全原理。

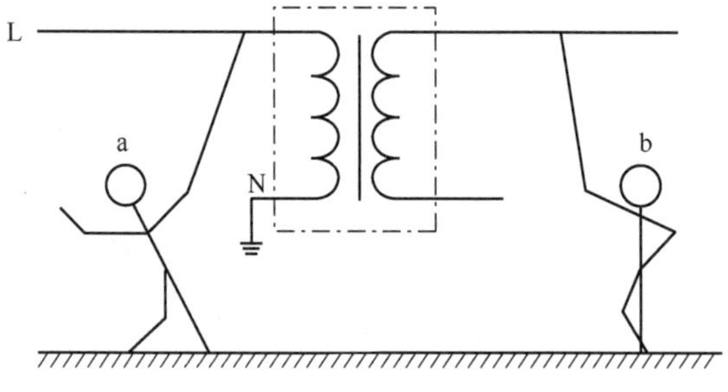

图 1.6.10　实验原理

三、实验步骤

选择 AQYD1 实验台 1 号挂箱 AQYD01、3 号挂箱 AQYD03 和 6 号挂箱 AQYD06，按照图 1.6.11 接线。

合上实验台电源，分别按动两个设备的模拟漏电按钮，模拟隔离变压器的前端和后端设备漏电人体触电情况，观察加在人体电压情况。

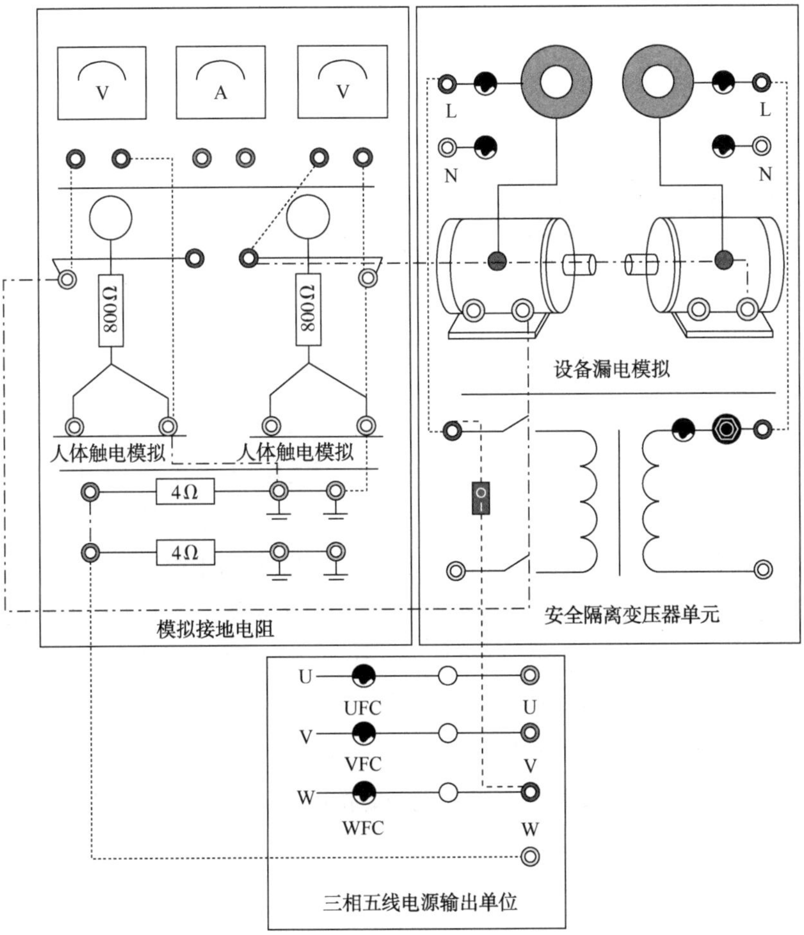

图 1.6.11　接线示意图

四、实验结果

分析并得出结论。

第七章 安全监控与检测检验

“安全监控与检测检验”实验部分旨在使学生掌握设备安全监测与检测的基本原理、方法和操作技能，培养学生的实验设计、数据分析和问题解决能力。课程内容涵盖了设备安全检测的基础知识，包括传感器原理、检测技术、数据采集与处理等。学生将学习使用各种安全检测仪器，如超声波测厚仪、磁粉探伤仪、声发射检测仪等，进行设备状态监测和故障诊断。实验操作强调安全性、准确性和工程实践的结合，学生将在教师的指导下，完成一系列设计性、综合性实验任务，以提高其工程实践能力和创新能力。

通过本课程的学习，学生不仅能够获得设备安全监控与检测的实际操作经验，还能够增强对设备安全重要性的认识，为将来在安全工程领域的工作打下坚实的基础。“安全监控与检测检验”作为连接理论与实践、课堂与现场的桥梁，对于提高学生的实践能力和解决实际设备安全问题的能力具有重要意义。

实验一　内压薄壁容器应力测定实验

一、实验目的

（1）了解电阻应变片测量压力容器应力的基本原理与测试技术；

（2）测定内压薄壁容器筒体及各种封头上的应力大小；

（3）比较实测应力与理论计算应力，分析它们产生差异的原因。

二、实验设备和仪器

（1）内外压容器实验装置如图 1.7.1 所示。

内压实验容器的椭圆形封头尺寸如图 1.7.2 所示，容器材料为 0Cr18Ni9。应变片的布置方案是根据封头的应力分布特点来定的。封头在轴对称载荷作用下可以认为是处于二向应力状态，而且在同一平行圆上各点受力情况是一样的。所以只需要在同一平行圆的某一点沿着环向和经向各贴一个应变片即可。本实验中采用 10 个 T 形应变片布置在封头上，贴片位置如图 1.7.2 所示。各点离封头顶点距离见表 1.7.1。每个 T 形应变片上有两个相互垂直成 T 形排列的敏感栅，可分别用来测量环向应变和经向应变。

本实验中所用应变片电阻值为 350Ω，灵敏度系数为 K。

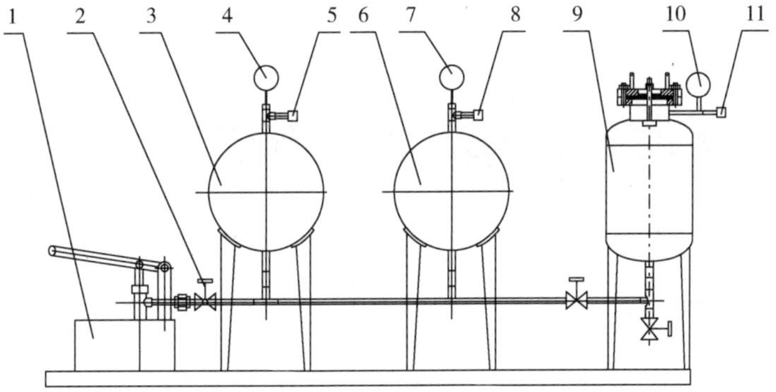

图 1.7.1　内外压容器实验装置

1—手动试压泵；2—总进水阀；3—卧式内压实验容器 1；4—压力表；5—压力传感器；6—卧式内压实验容器 2；7—压力表；8—压力传感器；9—立式外压实验容器；10—压力表；11—压力传感器

表 1.7.1　各测点离椭圆封头顶点距离

序号	1	2	3	4	5	6	7	8	9	10
距离/mm	20	60	80	120	145	170	190	210	230	250

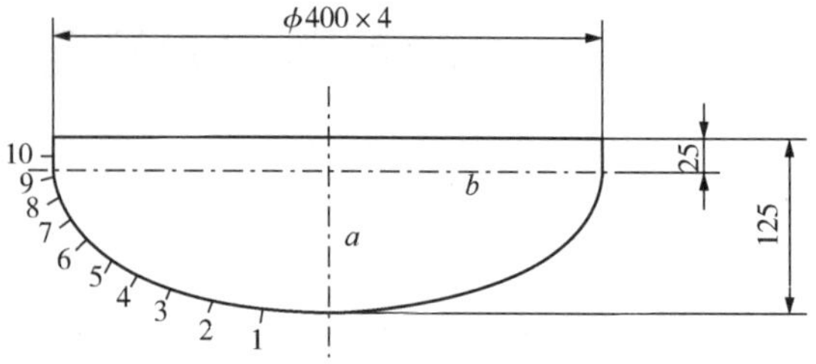

图 1.7.2　椭圆封头

（2）BZ2205C 型静态电阻应变仪的组成：

① 构件变形的感受和转换部分——电阻应变片；

② 被转换量的传递和放大部分；

③ 记录及读数部分。其方框图见图 1.7.3，接线图见图 1.7.4。

（3）其他实验用具。

其他实验用具有应变片、502 快干胶、电烙铁、活性锡丝、松香、万用表、螺丝刀、绝缘胶布、丙酮、脱脂棉、镊子、玻璃纸、钢尺、蜡烛、剪刀、纱布。

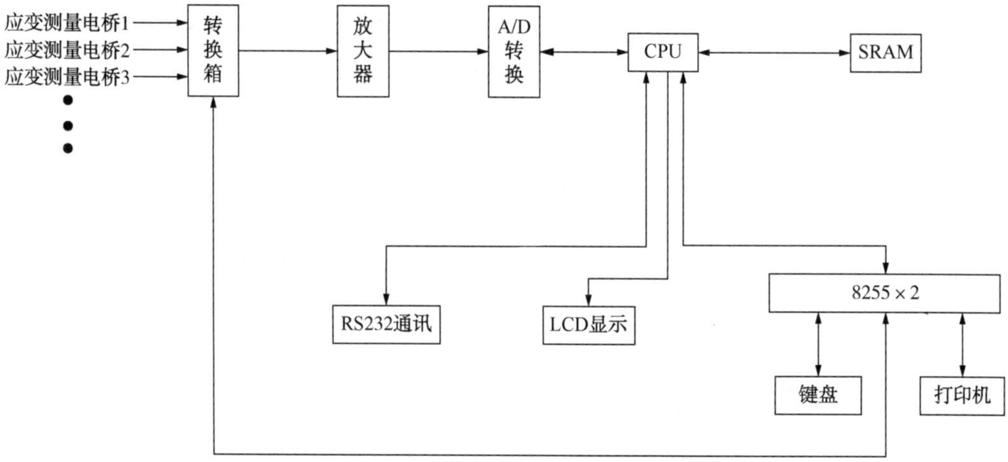

图 1.7.3　电阻应变仪方框图

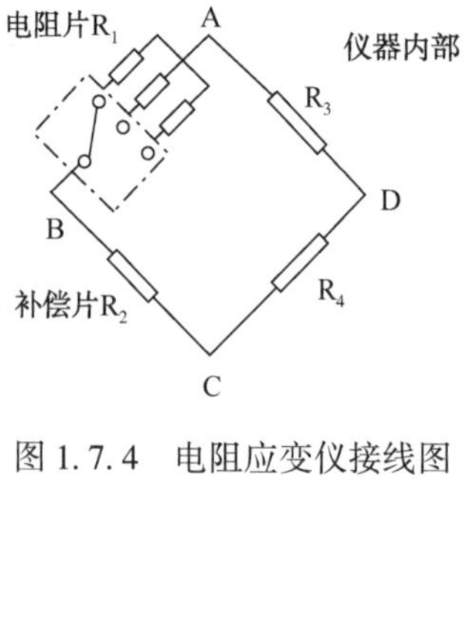

图 1.7.4　电阻应变仪接线图

三、实验原理

轴对称薄壁容器在内压作用下，器壁呈平面应力状态，在弹性变形范围内，其主应力与主应变分别为呈轴向和周向的两向应力状态，且遵循广义胡克定律。即：

$$\sigma_{\varphi}=E(\varepsilon_{\varphi}+\mu\cdot\varepsilon_{\theta})/1-\mu^2 \tag{1}$$

$$\sigma_{\theta}=E(\varepsilon_{\theta}+\mu\cdot\varepsilon_{\varphi})/1-\mu^2 \tag{2}$$

式中 ε_{φ}、ε_{θ}——径向应变和周向应变；

σ_{φ}、σ_{θ}——径向应力和周向应力，N；

E——材料的弹性模量，$E=2.06\times10^5$MPa；

μ——材料的泊松比，取0.3。

本实验采用的是两个敏感栅成90°的双轴应变花，其单个敏感栅的结构如图1.7.5所示，B为敏感栅宽度，L为敏感栅长度。其工作原理是利用金属丝的电阻随其变形而变化的电阻应变效应来工作的。由物理学可知，电阻丝的电阻R和其长度L，截面积F及电阻率ρ有下列关系：

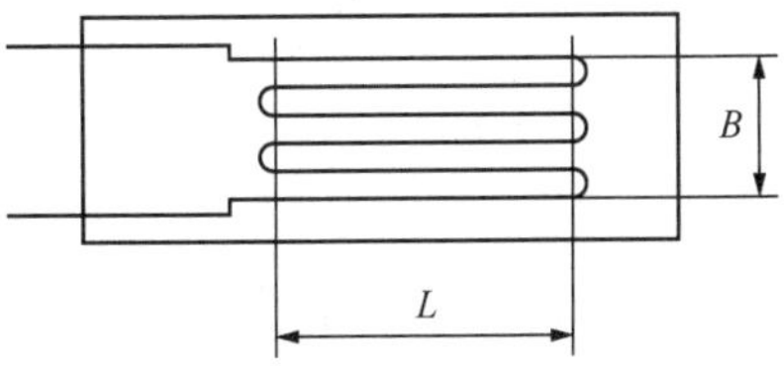

图1.7.5 丝绕式电阻应变片图

$$R=\rho\cdot L/F$$

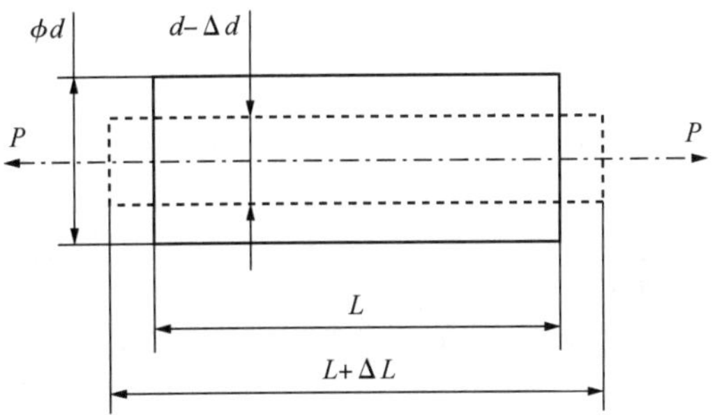

图1.7.6 电阻丝的拉伸变形

当电阻受到拉伸变形时，如图1.7.6所示，长度、截面积、电阻率分别改变了ΔL、ΔF、$\Delta\rho$，因而电阻也改变了ΔR，由数学分析可近似得到：

$$\Delta R=\frac{\rho}{F}\Delta L-\frac{\rho\cdot L}{F^2}\Delta F+\frac{L}{F}\Delta\rho$$

$$\frac{\Delta R}{R}=\frac{\Delta L}{L}-\frac{\Delta F}{F}+\frac{\Delta\rho}{\rho}$$

其中$\frac{\Delta L}{L}=\varepsilon$，那么上式整理简化得：

$$\frac{\Delta R}{R}=\varepsilon+2\mu\varepsilon+\frac{\Delta\rho}{\rho}=K_S\cdot\varepsilon$$

K_S为电阻丝的灵敏系数。因受黏结剂、基底、横向布置电阻丝的变形等影响。将其综合表达为：

$$\frac{\Delta R}{R}=K\cdot\frac{\Delta L}{L}=K\cdot\varepsilon$$

K为电阻应变片的灵敏系数，一般由厂家给出，其范围在1.7~3.6。因此只要在测点沿轴向与周向贴上应变片，将温度补偿片贴在一块与容器材料相同的铁片上并放置在实验台上以消除温度效应影响，然后按图 1.7.3 将应变片与转换箱连接，并按图 1.7.4 将应变仪与转换箱正确连接，对容器进行加、卸压，在应变仪或电脑上读出各测点的应变值，代入公式(1)及公式(2)中即可求得该点的实测应力值。

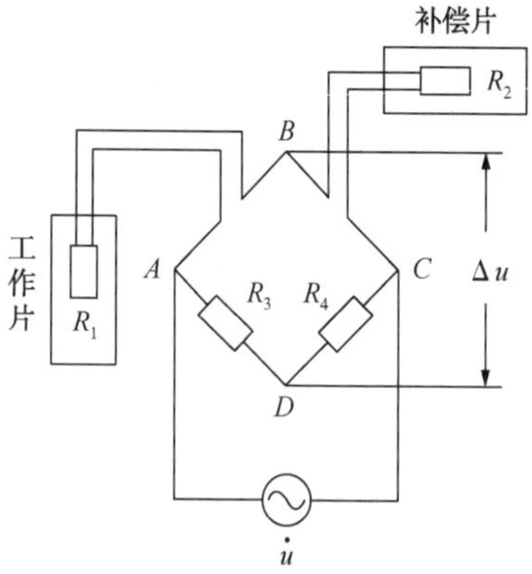

图 1.7.7　半桥接线图

本实验在测量应变时采用的是半桥接线法，如图 1.7.7 所示，温度补偿采用补偿片补偿的方式。电阻 R_3、R_4 在转换箱内部，也是阻值为 350Ω 的标准电阻。在转换箱外只使用了由工作片 R_1、补偿片 R_2 组成的半个电桥，因而称半桥法。补偿片 R_2 是与工作片 R_1 类型、阻值、灵敏系数完全相同的应变片，它与工作片 R_1 处于相同温度下，且粘贴在与被测构件相同材质的一块材料上。当温度变化时，工作片的阻值改变了 ΔR，补偿片阻值同样改变 ΔR，由于相邻电桥相互抵消，那么工作片由温度变化引起的应变值将由补偿片抵消，所以应变仪所显示的只是被测构件因受力引起的应变值。

四、实验步骤

(1) 熟悉实验设备及原理，接通应变仪电源，打开应变仪，预热 30min。

(2) 贴片：

① 选 10 个测点，一般封头各选 4 点，筒身 2 点，测点尽量在同一纵向的通过筒体轴线的竖直截面上；

② 用砂轮机或锉刀清除表面油漆、氧化皮、污垢；

③ 用砂纸在与应变片长度方向成 45°的方向交叉打磨测点直至表面无明显缺陷，打磨面积应为应变片的 3~5 倍；

④ 用钢尺及划针，划出十字线确定测点位置；

⑤ 测量测点至筒身最高点的垂直距离；

⑥ 用棉花蘸酒精或丙酮对测点表面进行清洁，直至棉球无墨迹为止；

⑦ 取出应变片检查是否完好，然后在应变片粘贴面均匀涂上 502 胶水，一手捏住引线放到测点，并覆盖上一层玻璃纸，另一手拇指或食指轻轻滚压应变片，切勿旋转或错动，不要用力过大，以免应变片移位或是引线被拉断，这样挤出气泡和多余的胶水；

⑧ 按住直至应变片粘紧，等待一段时间至胶水干燥固化，需要注意的是应变片的粘贴方向应该一致，便于布线，减少接线错误；

⑨ 在应变片引线侧粘贴接线端子，并将应变片引线焊接在端子上；

⑩ 检查应变片贴合是否良好、位置是否正确、有无气泡；

⑪ 检查应变片有无断路，用万用表检查应变片电阻值是否有变化，用兆欧表检查应变片绝缘是否良好。

（3）接线：

① 导线编号，导线两端应贴上相同号码的标签，避免连接时接错线；

② 将单号（或双号）全部与轴向应变片对应焊接固定，将双号（或单号）全部与周向应变片对应焊接固定，便于数据记录；

③ 用锡焊按图 1.7.3 所示连接转换箱与应变片，待焊锡冷却凝固后，轻轻扯动导线检查是否焊接牢固，如有虚焊或脱焊现象应重新焊接；

④ 检查焊接顺序是否正确，应变片的引线是否在焊接后有脱落现象，如有脱落须按前述步骤重新贴片。

（4）测试：

经教师检查贴片及接线正确后，方可进行测量。

① 启动实验主程序，选择实验。

② 选择实验封头后点击“确定”按钮，进入测量程序：a. 点击“平衡”按钮，应变仪进行平衡；b. 点击“测量”按钮，读入应变初读数（若读数不为零，重复 a. b 步骤）；c. 点击“清空数据”按钮，清空数据库文件；d. 改变实验压力，分别为 0.2MPa、0.4MPa、0.6MPa；e. 点击“测量”按钮，测量各实验压力下实验数据；f. 点击“记录”按钮，将数据写入数据库文件。

③ 点击“设置”按钮，可对应变仪进行参数设置。

④ 测量完成后，关闭内压实验容器的进水阀，点击“退出”按钮，退出测量程序，返回实验主程序，点击“数据处理”进入数据处理窗口：

a. 选择实验封头后确定，进入应力计算程序，点击“读取数据”按钮，弹出“选择数据文件”对话框；b. 选择数据文件，处理数据库文件（现场实验）数据——1，处理文本文件（旧的实验）数据——2；c. 点击“计算”按钮，计算应变修正值和应力值；d. 点击“画图”按钮，进入“绘制应力曲线”窗口；e. 点击“导出数据”按钮，将测量的应变值写入文本文件，可以用记事本打开、编辑和打印所存的文件；f. 点击“返回”按钮，退出数据处理窗口。

关闭应变仪电源，关闭电脑，清理现场。

五、实验数据处理

（1）将内压容器在 0.2MPa、0.4MPa、0.6MPa 压力下测量出经向应变和环向应变值，在坐标纸上将同一点上应变值做 0.2MPa、0.4MPa、0.6MPa 下的线性化修正曲线；

（2）在线性化修正曲线上取 0.6MPa 压力时的应变值，并按式（1）和式（2）计算内压容器在 0.6MPa 压力下的径向应力和环向应力值；

（3）筒体和各封头的理论应力计算，根据中低压容器的薄壳理论和平盖理论，公式见教材，误差计算：

$$\text{应力的相对误差}=\left|\frac{\sigma_{\text{理}}-\sigma_{\text{实}}}{\sigma_{\text{理}}}\right|\times100\%$$

(4) 在坐标纸上绘制带有四种封头的内压容器的应力分布曲线。

六、实验报告要求

(1) 实验日期、指导教师、同组实验人员；
(2) 实验目的；
(3) 主要实验仪器型号及名称；
(4) 实验步骤；
(5) 实验原始数据记录；
(6) 计算过程举例；
(7) 绘制各点的线性化修正曲线、应力分布曲线；
(8) 计算结果列表；
(9) 分析、讨论与建议。

实验二　磁粉检测实验

一、实验目的

（1）通过实验了解磁粉检测的应用范围；

（2）通过实验掌握磁轭法磁粉检测的基本方法；

（3）初步了解检测缺陷的判别。

二、实验设备器材

1. CJX-220E 型交流磁轭探伤仪

本设备是利用磁轭对铁磁性材料制成的工件进行磁化的便携式磁粉探伤仪，能对多种零件进行磁化。其技术参数如下：

（1）电源：~220V 50Hz；

（2）工作电流：活动关节 1 节 2 节 闭路 2.1A 1.5A；

（3）工作间歇时间：1min 开/1min 关 磁化；

（4）极距：50~200mm；

（5）提升力：>4.8kg；

（6）重量：3.2kg；

（7）外形尺寸：208mm×48mm×148mm。

仪器使用注意事项：

（1）所有电源必须符合仪器要求，并必须有良好的接地；

（2）探头工作时，每次通电时间为 2~3s，最长不超过 5s，并且要间隔休息 3~5s；

（3）使用前，活动关节处应该加入适量的润滑油，使用完应将探头及活动关节上的水、油、磁粉等擦净，并涂上防锈油；

（4）使用时，探头的移动应在松开探头开关下进行，以免开路工作而造成仪器发热；

（5）探伤仪通电工作时间过长，如有明显的发热情况，应适当地休息后才能使用；

（6）不要盲目使用、不能接近高温、高湿的地方；

（7）不能在雨下操作，喷洒磁悬液时不能喷及开关和插座！

2. 磁悬液

在磁粉检测中，磁粉的作用十分重要，它能够被缺陷处的微弱漏磁场所吸附，显示出肉眼可见的图像。磁悬液就是以液体为载体，含有一定浓度磁粉的混合液体。一般情况下都是以水作磁悬液的悬浮载体。在使用过程中为避免磁粉聚沉，须不断搅动。

3. 标准试片

标准试片是磁粉检测的必需器材之一，主要用于检验磁粉检测设备、磁粉和磁悬液的综合性能。我国使用的试片如表 1.7.2 所示，试片由电磁软铁板制造，其中分子代表试片人工缺陷槽的深度，分母表示试片的厚度，单位为 μm。

表 1.7.2　我国标准试片参数

<table>
<tr><th>类型</th><th colspan="2">规格：缺陷槽深/试片厚度/mm</th><th>图形和尺寸/mm</th></tr>
<tr><td rowspan="6">A1 型</td><td colspan="2">A1-7/50</td><td rowspan="6">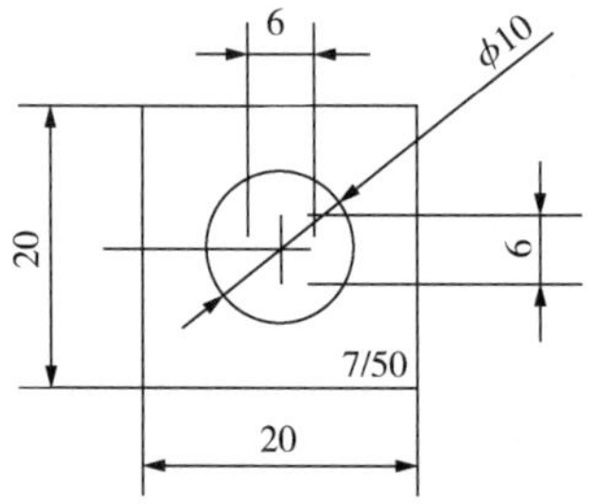
</td></tr>
<tr><td colspan="2">A1-15/50</td></tr>
<tr><td colspan="2">A1-30/50</td></tr>
<tr><td colspan="2">A1-15/100</td></tr>
<tr><td colspan="2">A1-30/100</td></tr>
<tr><td colspan="2">A1-60/100</td></tr>
<tr><td rowspan="2">C 型</td><td colspan="2">C-8/50</td><td rowspan="2">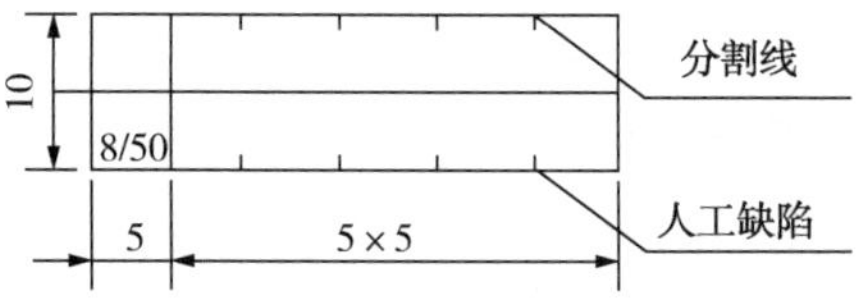
</td></tr>
<tr><td colspan="2">C-15/50</td></tr>
<tr><td rowspan="2">D 型</td><td colspan="2">D-7/50</td><td rowspan="2">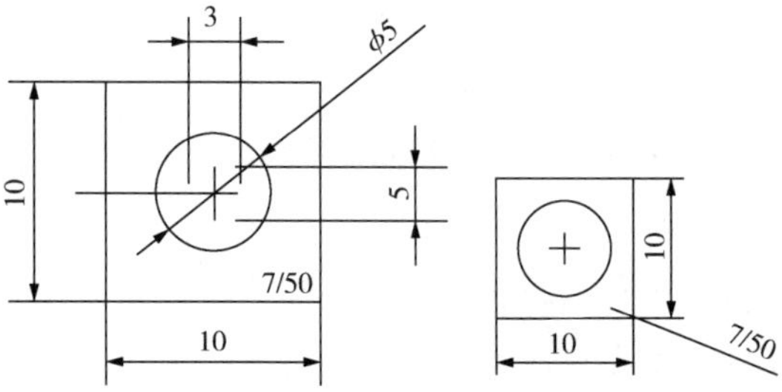
</td></tr>
<tr><td colspan="2">D-15/50</td></tr>
<tr><td rowspan="3">M1 型</td><td>ϕ12</td><td>7/50</td><td rowspan="3">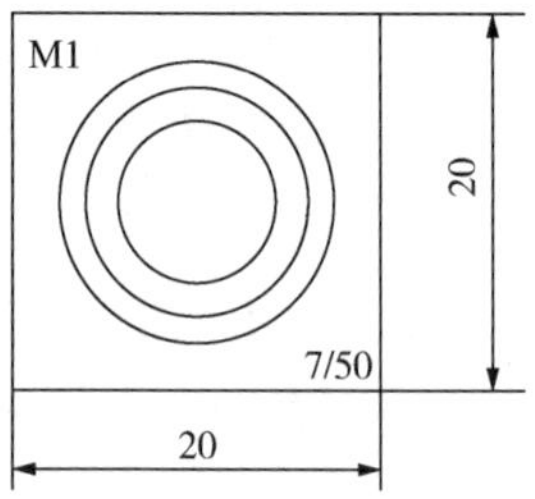
</td></tr>
<tr><td>ϕ9</td><td>15/50</td></tr>
<tr><td>ϕ6</td><td>30/50</td></tr>
</table>

4. 被检试板

用于磁粉检测。

5. 砂轮机

用于清理被检表面。

三、实验原理

磁粉检测的原理是基于通电导体周围产生磁场时的电磁感应现象在检测中的应用。检测时工件被磁化，工件无缺陷部位的导磁率无变化，磁力线分布均匀。而存在缺陷的部位，则由于缺陷的导磁率远远小于工件的导磁率，即缺陷部位的磁阻很大，阻碍了磁力线的通过，磁力线只能绕过缺陷，从而产生弯曲(图 1.7.8)。当缺陷位于工件表面或近表面时，磁力线不但在内部产生弯曲，而且还有一部分磁力线因绕过缺陷而逸出工件表面。磁力线从一端到另一端形成一个磁场，暴露在空气中，从缺陷的一端到另一端的磁力线也形成一个小磁场，即漏磁场，如图 1.7.9 所示。如果在工件表面施加磁粉或磁悬液，那么部分磁粉就会被漏磁场吸住，从而显示出缺陷，如图 1.7.10 所示。

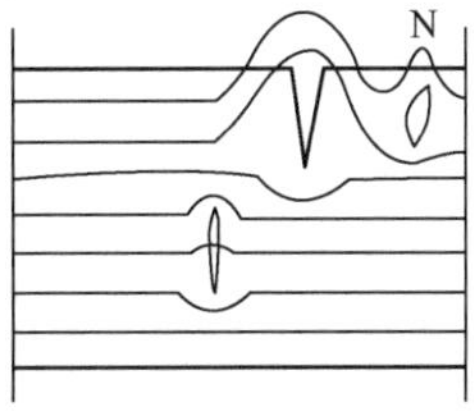

图 1.7.8　磁粉检测原理

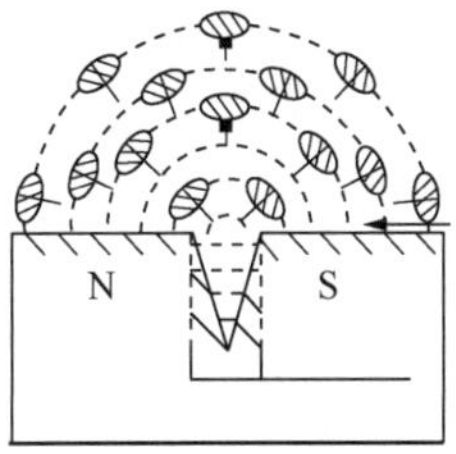

图 1.7.9　漏磁场形成

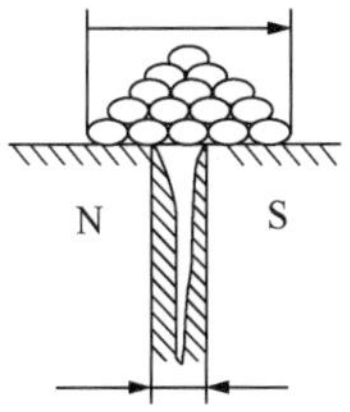

图 1.7.10　磁痕显示

由于漏磁场的形成是磁粉检测的基本条件，因此，如果缺陷埋藏较深，磁力线不能逸出工件，则不能形成漏磁场，所以磁粉检测只能检测表面或近表面的缺陷。另外，当缺陷与磁力线平行时，阻碍磁力线通过的断面就很小，磁力线发生的弯曲也很小，不足以形成漏磁场，因此要检测出缺陷，就必须使缺陷和磁力线形成一定的夹角(垂直时漏磁场最强)。为了保证缺陷的检出，必须对被检工件进行相互垂直两个方向的磁化和检测。

四、实验步骤

(1) 清洁被探测表面的油污、铁锈和其他杂质；

(2) 将探头置于被探测工件表面，用试片检测被探测表面的磁化强度和磁化范围，通过调节探头的活动关节来调整；

(3) 将探头置于被探测区域，保持良好的接触，按下探头开关，同时向被检测区域喷洒磁悬液，并保持 2~3s；

(4) 松开探头开关，移开探头，观察工件并记录；

(5) 将探头与上次探测方向呈 90°放置，重复步骤(3)(4)；

(6) 按顺序移动探头至下一探测区域，重复步骤(3)(4)(5)，检测全部需探测区域；

(7) 关闭仪器电源，清理现场。

五、实验报告要求

(1) 实验日期、名称及实验指导老师，实验者姓名、班级、学号及同组者；
(2) 实验目的；
(3) 实验原理；
(4) 实验原始数据记录(见实验报告书)；
(5) 画出被检工件和缺陷示意图。

实验三 金属压力容器腐蚀缺陷声发射检测

一、实验目的

(1) 熟悉声发射检测仪的使用方法;

(2) 了解金属压力容器声发射检测标准;

(3) 掌握金属压力容器的检测流程;

(4) 通过本实验来评价金属压力容器的完整性。

二、实验设备器材

(1) PAC 多通道声发射检测仪一台;

(2) 声发射传感器;

(3) 稳压电源一台;

(4) 声发射信号传输线;

(5) 耦合剂及传感器固定用具。

三、实验原理

在金属压力容器升压过程中，金属压力容器表面和内部缺陷(被腐蚀的地方)产生的声发射源比较活跃，并产生大量的声发射信号。在被检容器表面布置声发射传感器，接收来自活跃缺陷部位的声波并转换成电信号，经过声发射仪系统地鉴别、处理、显示、记录和分析声发射源的位置及声发射特性参数，根据相关标准评价金属压力容器的完整性。

四、实验步骤

(1) 校准。用模拟源校准检测灵敏度。采用 ϕ0.5mm、硬度为 HB 的铅笔芯折断信号作为模拟源。铅芯伸出长度约为 2.5mm，与容器表面夹角为 30°左右。其响应幅度值应取三次以上响应平均值。

(2) 时间参数的设置。用断铅实验来测定实际的峰值鉴别时间(PDT)、撞击鉴别时间(HDT)、撞击闭锁时间。

(3) 门槛值的确定。用逐步提高门槛值的方法来确定实际测量中的门槛值。

(4) 根据压力容器的形状布置传感器阵列。

(5) 对压力容器加压。根据有关规范确定最高实验压力和加压程序。升压速度一般不应大于 0.5MPa/min。保压时间一般应不小于 10min。

(6) 数据的采集与记录。

五、实验报告要求

(1) 记录容器名称、类别、公称壁厚、主题材质。

(2) 记录所有校准数据和仪器测定的声发射信号参数，记录内容至少应包括：

① 传感器的技术条件(型号、灵敏度、频率范围、固定方法、合剂)；

② 传感器布置阵列和位置草图；

③ 声发射仪器型号和特性；

④ 每次校准的时间、步骤和结果。

(3) 分析和处理实验数据。

六、思考题

阵列的形状对金属压力容器缺陷检测精度有无影响?

圆柱形容器和球形容器传感器阵列布置，如图 1.7.11 所示。

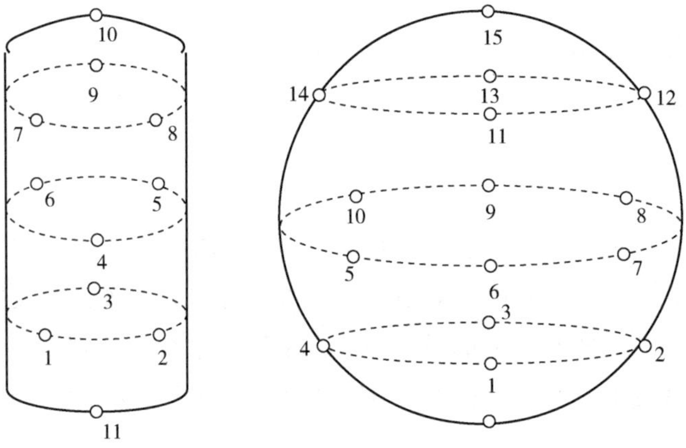

图 1.7.11　圆柱形容器和球形容器传感器阵列布置

实验四　混凝土板内部的缺陷声发射检测

一、实验目的

(1) 熟悉声发射检测仪的使用方法；
(2) 了解混凝土结构缺陷检测相关标准；
(3) 掌握混凝土结构缺陷检测流程；
(4) 通过实验确定混凝土板内部缺陷位置。

二、实验仪器

(1) PAC 多通道声发射检测仪一台；
(2) 声发射传感器；
(3) 稳压电源一台；
(4) 声发射信号传输线；
(5) 钢刷、卷尺、粉笔、多相插座；
(6) 耦合剂及传感器固定用具。

三、实验原理

混凝土缺陷，系指破坏混凝土结构的连续性和完整性，并在一定程度上降低混凝土的强度和耐久性的不密实区、孔洞、裂缝或夹杂泥沙、杂物等。当混凝土板受到压力时，这些缺陷会扩展成裂缝甚至断裂。在此过程中会产生大量的声发射信号，在混凝土板表面布置声发射传感器，接收来自缺陷部位的声波并转换成电信号，经过声发射仪系统地鉴别、处理、显示、记录和分析声发射源的位置及声发射特性参数，并根据相关标准评价混凝土结构健康状况。

四、实验内容

(1) 校准。用模拟源校准检测灵敏度。采用 ϕ0. 5mm、硬度为 HB 的铅笔芯折断信号作为模拟源。铅芯伸出长度约为 2. 5mm，与混凝土板表面夹角为 30°左右。其响应幅度值应取三次以上响应平均值。

(2) 时间参数的设置。用断铅实验来测定实际的峰值鉴别时间(PDT)、撞击鉴别时间(HDT)、撞击闭锁时间。

(3) 门槛值的确定。用逐步提高门槛值的方法来确定实际测量中的门槛值。

(4) 声发射信号在混凝土板中传播速度的测定。

(5) 根据混凝土板的形状布置传感器阵列。
(6) 对混凝土板加压。利用加载设备依据相关规范对混凝土结构进行加载。
(7) 数据的采集与记录。

五、实验报告要求

(1) 记录混凝土板的长宽、厚度及各混合物质的比例。
(2) 记录所有校准数据和仪器测定的声发射信号参数，记录内容至少应包括：
① 传感器的技术条件(型号、灵敏度、频率范围、固定方法、耦合剂)；
② 传感器布置阵列和位置草图；
③ 声发射仪器型号和特性；
④ 每次校准的时间、步骤和结果。
(3) 对混凝土板中声发射信号的时频特性进行分析并给出时频图。
(4) 分析和处理实验数据。

六、思考题

(1) 耦合剂的作用是什么？
(2) 混凝土结构缺陷定位的精度受哪些因素的影响？
混凝土板传感器阵列布置(等腰三角形)，如图 1.7.12 所示。

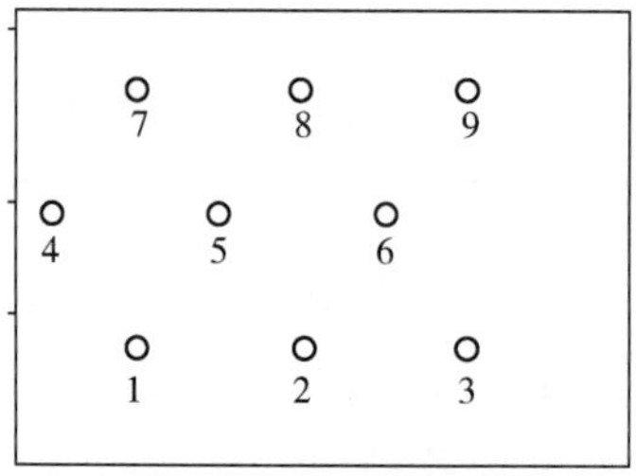

图 1.7.12　混凝土板传感器阵列布置(等腰三角形)

第二篇

虚拟仿真综合实验

随着人工智能技术的迅猛发展，其在各个领域的应用日益广泛，为安全工程领域带来了前所未有的变革机遇。“虚拟仿真综合实验”作为安全工程本科教育的重要组成部分，正是顺应这一趋势，将AI技术与智慧安全理念深度融合，以化工安全工程为特色，旨在培养具备高度实践能力和创新精神的安全工程人才。

(1) AI技术发展趋势与安全工程教育的融合。

当前AI技术正朝着更加通用、高级和智能化的方向发展，不仅限于简单的任务执行，而是逐步向模拟人类智能的全方位能力迈进。在安全工程领域，AI技术的引入极大地提升了数据分析、风险评估和应急响应的效率和准确性。在“虚拟仿真综合实验”中，AI技术被广泛应用于构建高仿真度的虚拟环境，通过模拟复杂的化工生产过程、危险源辨识及应急处理场景，为学生提供身临其境的学习体验。这些实验平台不仅能够模拟出实际生产中可能遇到的各种问题和挑战，还能够利用AI算法对实验数据进行实时分析，帮助学生深入理解安全工程的核心原理和实践技能。

(2) 智慧安全理念在虚拟仿真实验中的体现。

智慧安全理念强调基于明智的理论、科学的规律以及智能的工具，实现生产、生活中的本质安全。在“虚拟仿真综合实验”中，这一理念得到了充分体现。首先，实验设计遵循了系统安全、本质安全和善治安全的基本理论，通过构建多维度、多层次的虚拟仿真系统，模拟真实世界中的复杂安全环境。其次，实验过程中融入了智能监控、自动预警和应急决策等先进技术手段，使学生能够在模拟环境中体验到智慧安全系统的实际运行效果。最后，实验还注重培养学生的安全意识和安全行为习惯，通过模拟不同情境下的应急响应和危机处理，增强学生的安全责任感和应急能力。

(3) 化工安全工程专业的办学特色与虚拟仿真实验的融合。

化工安全工程专业作为安全工程领域的一个重要分支，其办学特色在于集化学、化工、安全和环境保护等多方面知识于一体，旨在培养掌握化工领域基本理论知识和实践技能的高级工程技术人才。在“虚拟仿真综合实验”中，这一特色得到了充分展现。实验内容不仅涵盖了化工生产过程中的安全控制、危险源辨识和风险评估等基本环节，还涉及了环境保护、节能减排和可持续发展等前沿课题。通过模拟真实的化工生产环境和安全事故场景，学生可以在虚拟环境中深入了解化工安全工程的核心技术和应用方法，同时掌握环境保护和可持续发展的相关知识和技能。

在“虚拟仿真综合实验”中，学生将通过高精度的虚拟仿真平台，参与从实验设计、数据采集、分析处理到结果评估的全过程。实验平台支持多参数联合优化和场景自主设计功能，学生可以根据实验需求自由调整实验参数和场景设置，从而实现对不同化工安全问题的深入探究。此外，实验还融入了AI辅助分析和决策系统，能够实时提供实验数据的分析结果和应急处理建议，帮助学生更好地理解实验现象和背后的科学原理。通过这一系列虚拟仿真实验的训练，学生不仅能够掌握化工安全工程的基本理论和实践技能，还能够培养创新思维和解决实际问题的能力。同时，实验过程中融入的智慧安全理念和AI技术手段也将为学生未来的职业发展奠定坚实的基础。他们将成为既具备深厚专业知识又掌握先进技术手段的安全工程人才，为推动我国化工行业的安全发展贡献自己的力量。

实验一 合成反应热危险性评估虚拟仿真实验

一、实验目的

（1）掌握 DSC、PHI-TEC 及 RC1 的基本原理，并熟悉实验仪器的操作方法及实验操作步骤；掌握反应安全风险评估中热危险性特征参数计算原理及计算方法，深化学生对基础知识的理解；

（2）掌握反应本质安全评估方案的编制方法，培养学生综合设计能力；掌握实验系统平台搭建、测试步骤，依据测试数据研判实验进程，培养学生技术探索和工程实践能力；比较分析热分析实验数据，评估反应风险等级及本质安全度，优化工艺本质安全设计参数，引导学生反向思考，探究实验方案的合理性，培养复杂工程问题分析能力；

（3）强化学生尊重生命、敬畏安全的意识，增强学生人与自然和谐共生的素养，培养学生投身平安中国建设的家国情怀。

二、实验原理

（1）使用 DSC 对过氧乙酸叔丁酯进行动态升温实验，获取过氧乙酸叔丁酯的分解热、初始分解温度、分解结束时温度，并以此为参考选取绝热实验的初始检测温度和检测最高温度。

（2）在 DSC 实验的基础上使用 PHI-TEC Ⅱ研究过氧乙酸叔丁酯在绝热状态下的热分解行为，根据绝热动力学原理获取绝热状态下过氧乙酸叔丁酯热分解的活化能、指前因子和反应级数等动力学参数，进而求取最大反应速率到达时间（TMRad），并通过热惰性因子对结果进行修正获取真正的 TMRad，最终计算出绝热状态下最大反应速率到达时间为 24h 对应的温度（TD24）。

（3）通过 RC1e 对过氧乙酸叔丁酯合成反应进行 kg 级实验模拟研究，获取反应过程中的比热及热流变化进而求取反应的绝热温升，再结合反应中的物料累积情况，通过数据处理最终计算获得冷却失效最高温度（MTSR）。

（4）通过 TMRad 和绝热温升分别确定反应失控发生的可能性和严重度，可获得过氧乙酸叔丁酯合成反应工艺的风险矩阵分析结果。此外，依据失控危险度方法在进行反应安全评估时还需要反应的操作温度（Tp）和技术最高温度（MTT），均可直接获取，根据 MTSR、TD24、Tp 和 MTT 数值大小排序后即可综合评估过氧乙酸叔丁酯合成反应工艺的本质安全度等级。

（5）在本质安全度等级偏低（即反应热危险度等级偏高）的情况下根据本质安全设计的基本原则——“替代、最小化、缓和、消除”开展工艺安全优化设计。改变反应体系、进样速率、反应温度、搅拌速率等工艺参数会影响反应放热速率和放热总量，产生不同的失控后果，因此可合理设置这些工艺参数，重新进行新工艺的本质安全等级评估，循环往复直到反应工艺的本质安全度等级达到可接受的程度，探究设计本质更安全的工艺。

三、实验方法

（1）自主设计法：学生通过自主设计工艺环境合成过氧乙酸叔丁酯，不同的设计会产生不同的结果，增加了学生的参与感和操作性，有利于提高学生学习的主动性和积极性，同时有助于培养学生的创新意识。

（2）自主操作法：虚拟仿真实验最大的缺点就是学生无法实际动手操作，缺乏参与性。针对这一问题，本实验始终秉承“以学生为中心”的宗旨，从设备仪器的选择，到个体防护用品的选用；从坩埚的选型、样品压片到气密性测试；从冷却装置的开启到实验结果的分析，每一个模块每一个环节均设计了交互操作步骤，有利于提高学生的参与度，培养学生的实验操作能力。

（3）控制变量法：对差示扫描量热仪、反应量热仪等主要设备的关键参数（如升温速率、搅拌速率、进样速率等）进行控制，有利于培养学生的知识运用能力；通过改变参数可以让学生观察到不同的实验现象，学生对不同现象进行分析思考，提高了实验的挑战度，有利于培养学生的自主学习能力和解决实际问题的能力。

（4）提示引导法：实验引导视频和实验简介模块主要采用提示引导法，以培养学生的自主学习能力。

（5）提示讲解法：面对实验过程中的误操作所导致的实验事故，学生应如何正确处理，本实验采用了提示讲解法，通过短视频给学生讲解了相关事故应急处置器材的基本工作原理和使用要求，让学生来正确选择和使用安全处置措施，充分还原了真实实验场景中可能出现的意外，有利于培养学生的安全应急能力。

（6）比较法：在实验防护用品的选择上，本实验通过让学生对比分析防尘口罩、防护口罩、劳保手套与酸碱防护手套等不同防护用品的差异，能够让学生针对实验做出正确的选择。有利于培养学生实验过程中的安全意识。

（7）类比法：本实验对过氧乙酸叔丁酯工艺危险性的分析，可以让学生在后续类比研究相关物质的工艺危险性，并开展工艺安全设计，掌握化工工艺本质安全设计的基本思想，培养学生实验创新的高阶性。

（8）观察法：模拟误操作情况下的事故场景，通过视觉冲击让学生真正认识到反应热失控的后果严重性，培养学生对工艺操作的敬畏心，增强学生的专业认同感，有利于培养学生的安全素养。

四、实验步骤

（1）登录系统以开始实验：进入登录页面，输入注册的账户和密码，以便顺利进入虚拟仿真平台。成功登录后，学生应点击左侧菜单中的“实验预习”，学习与实验相关的原理和核心知识点，包括动态升温实验、绝热量热实验、反应量热实验及反应风险评估等内容。

（2）完成安全考核：学习相关实验室安全要求，并通过测试确认其安全知识合格。随后，学生应选择合适的防护用品，如防毒面具、防护服、护目镜及一次性手套，以确保在实验过程中能够有效防护。同时，学生还需根据实验要求选择必要的实验设备，包括差式扫描量热仪、绝热量热仪和反应量热仪。

（3）量热测试分析：进行物质差示扫描量热分析需利用 DSC 测试样品的放热特性，并设置相关实验参数；绝热量热测试过程包括装样、气密性验证、泄压及测试参数的设置，以确保实验的准确性和安全性；在反应量热测试中，须先打开冷却循环装置，保障实验安全，随后选择反应的酸碱条件，并合理设置反应的转速和进样速率，以确保反应过程的顺利进行。

（4）计算关键参数 TD24 和 MTSR：完成各项测试后，对 DSC 和绝热量热的结果进行分析，计算特征温度参数 TD24 和 MTSR。在工艺热危险评估阶段，学生将导入之前计算的特征温度参数，并运用 Stoessel 方法评估反应的热危险等级。若评估结果显示危险等级高于 3 级，学生须进行工艺优化，调整实验参数并重复测试，直至达到安全标准。

（5）总结实验并生成报告：在实验结束后，学生须生成实验报告，记录实验心得以及对课程的反馈。

五、实验结果与讨论

（1）物质量热阶段。

（2）反应量热阶段。

六、实验过程及实验结果（要求提供操作过程截图）

实验二　油库油品蒸发损耗与火灾防控虚拟仿真实验

一、实验目的

(1) 通过多个实验模块组成体验式教学的完整实验链，使学生在沉浸环境中构建油库油品蒸发损耗与火灾防控知识体系；

(2) 通过多交互实验模式，引导学生进行油库危险源识别、危险区判定和油气聚集控制等实验，以差异化实验培养学生解决复杂工程问题的能力；

(3) 通过多元化和系统化实验，使学生深入理解相关知识点蕴藏的科学原理，基于全面科学探究方法，培养学生以问题为导向的科学思维；

(4) 通过对运行操作和事故后果进行虚拟仿真，将油库生产与安全保障结合，体验误操作导致的事故后果，寓安全价值观引导于教学实践。

二、实验原理

1. 油品蒸发危险源识别原理

油库油品蒸发扩散到大气环境中，主要包括拱顶罐小呼吸损耗、拱顶罐大呼吸损耗、内浮顶罐蒸发损耗和火车装车蒸发损耗等环节。油气扩散到大气后，可能在罐区某些位置聚集，形成油气浓度危险区域，有造成人员窒息、出现闪火或发生爆炸的危险。必须针对不同油气扩散源进行辨识和分类，以便加强安全管理。

2. 油气聚集危险区判别原理

油气具有易燃易爆以及毒性等性质，油气浓度达到一定范围会触发危险，需要确定罐区浓度分布，做好必要的防治措施。罐内压力达到呼吸阀控制压力，呼吸阀门开启，油气经由呼吸阀向大气扩散，受风速、风向以及空气稳定度的影响，在罐区形成不同油气浓度区域。利用高斯扩散模型、随机游走大气扩散模型和三维有限元模型等模型，计算不同时间和不同位置的油气浓度，根据油气浓度危害程度，将罐区分为窒息危险区、闪火危险区和爆炸危险区。

3. 油蒸气流散控制原理

分离油气的方法包括贫气油吸收、活性炭吸附、冷凝分离以及膜分离。对四种方法各取所长，能够实现油气高效回收，形成了吸收-膜分离、吸附-吸收、冷凝-吸附三种组合油气回收工艺，回收效率超过 99%。油气回收过程中涉及分离过程中的多个关键工艺参数，通过气液相平衡参数计算吸收过程中贫气油流量，通过活性炭炭容及活性确定可用吸附时间，通过权衡冷凝功率与回收效率选取冷凝温度，通过滤膜面积及活性判断滤膜可用时间。

4. 油库消防灭火原理

泡沫具有良好的流动性，其密度远低于油品密度，能够漂浮在油面上，迅速形成凝聚的泡沫覆盖层，使燃烧物表面与空气隔绝，达到窒息灭火的目的。在覆盖过程中，部分泡沫受热气化，析出的液体对燃烧表面进行冷却，产生的水蒸气冲淡燃烧物附近氧的浓度，同时降低火焰的热辐射，减缓油品的蒸发。储罐喷淋装置是油罐上装设的一种水冷却降温设施，对油罐不断均匀地进行喷淋水冷却，能够有效地降低罐体温度。

三、实验方法

本实验注重以学生为中心，将理论与实践相融合，采用场景展示与交互操作交叉融合的方法，充分利用互动设计、自由探索、场景仿真等多样化方法，使学生以油库工作人员的视角，在沉浸环境中学习掌握油库油品蒸发损耗与火灾防控相关知识，解决面临的复杂问题，完成自主探究实验。具体方法如下：

(1) 人机交互方法。学生结合系统发放的任务书，针对预设条件，利用模块搭建虚拟仿真场景。实验过程有清晰的步骤引导，学生自主选择相关参数，对于正确操作步骤不做过分提示干扰，只给予相关的提示，引导学生对实验内容做充分的探究。

(2) 自由探索方法。本实验具有开放性、探究性、科学性。在实验过程中，学生可自由搭建油库设备设施和环境条件，创建无限可能，科学严谨的算法引擎既能模拟现实环境，又能呈现传统实验难以实现的危险情况，增强实验的拓展性。

(3) 场景仿真方法。根据油库安全实验设计，通过场景仿真技术，对拱顶罐“小呼吸”、火车装车油气扩散、罐区油气浓度分布等 7 个场景进行仿真，该内容是实验的核心，学生在沉浸环境中探究油库油品蒸发损耗机理与火灾防控方法，加深对油库油气安全知识的理解。

四、实验步骤

(1) 罐体与油品参数确定：确定所需的拱顶罐及其结构参数，获取罐内油品的性质，以明确后续实验步骤和方法。

(2) 压力控制与呼吸阀设置：设置储罐的压力控制条件，选择合适的呼吸阀类型(A、B、C)，并预估呼吸过程的开始与结束时间。

(3) 温度变化规律模拟：模拟油气的温度变化规律，设置环境温度的最大值、最小值以及太阳辐射强度，拟合一天内的环境温度、油品温度和气体温度变化。

(4) 蒸气压与浓度计算：确定油品的真实蒸气压，选择油品种类(如柴油、汽油)，设置雷特蒸气压，并根据油品温度计算吸气和呼气时的真实蒸气压。

(5) 内浮顶罐蒸发损耗分析：确认内浮顶罐的蒸发损耗实验场景和设备，设置储罐的密封装置与外界环境条件。

(6) 静止存储损耗与粘附系数：利用经验公式求取内浮顶罐的静止存储损耗，确定罐壁的粘附系数，分析发油造成的粘壁损耗。

（7）装车作业与损耗量计算：设定装车作业的温度和油气饱和度，计算装车过程中产生的损耗量。

（8）泄漏流量与浓度分布：选择储罐规格和呼吸阀位置，设置大气稳定状况及环境风速，确定油气泄漏流量和浓度分布。

（9）油气回收方法与性能模拟：分析油气回收方法，计算每种回收方法的油气回收量，模拟油库 A、B、C、D 的回收装置性能。

（10）消防用水量计算：进行消防用水量的计算，包括扑救火灾所需的泡沫混合液和冷却水的供给。

五、实验结果与讨论

（1）影响油品蒸发损耗的因素包括油品性质、环境温度和控制压力，含有轻组分较多的油品容易蒸发，设置相同环境温度和操作压力，汽油蒸发损耗量远大于柴油；环境温度越高，油品越容易蒸发，损耗量增加；设置控制压力越高，呼吸阀开启时间越短，损耗量越小。

（2）罐区油气浓度分布受油气排放量、大气稳定度和环境风速的影响，相同大气稳定度和环境风速条件下，设置油气排放量越大，罐区油气浓度越高；提高大气稳定度，分子扩散趋于缓慢，容易形成油气聚集区；设置环境风速越大，油气云团迁移扩散越快，罐区油气浓度越低。

（3）本实验油库储罐包括拱顶罐和内浮顶罐，选择容积相同的拱顶罐和内浮顶罐进行实验，设置相同的油品物性、环境条件和储油量等参数，内浮顶罐的油品蒸发损耗量只有拱顶罐的 20%左右，这是因为内浮盘浮于油面上，油品蒸发空间很小，明显减缓油品的蒸发损耗。

（4）控制相同的蒸发油气量和油气浓度，选用不同的油气回收方法进行实验，通过监测回收后的油气排放质量指标发现，膜分离后的气体中油气含量最低，吸附吸收次之，冷凝吸收最高，油气回收量较大时宜采用组合分离法。

（5）本实验设计 4 个不同规模的油库，库容范围是$(1.6\sim21.2)\times10^4m^3$，根据不同油库的油品损耗量确定相应的油气回收操作方法，根据经济性确定对油库 A 采用膜分离法，对油库 B 采用吸附回收法，对油库 C 和 D 采用冷凝回收法。

（6）4 个不同规模的油库都设有内浮顶罐和拱顶罐。选择不同的储罐类型和容量，就确定了储罐的直径和高度等参数。储罐直径越大，着火罐需要的保护面积越大。

（7）影响泡沫混合液供给强度和连续供给时间的因素有油品类别和储罐类型。如果储罐为拱顶罐且储存油品为甲类，则泡沫混合液供给强度为 $6L/(min\cdot m^2)$，连续供给时间为 40min；如果储罐为内浮顶罐且储存油品为丙类，则泡沫混合液供给强度为 $6L/(min\cdot m^2)$，连续供给时间为 30min。

（8）影响泡沫液耗量的因素有保护面积、混合比、泡沫混合液供给强度和连续供给时间，增加这 4 个因素的取值，都会使泡沫液耗量增加。

(9) 影响消防用水总量的因素有混合比、着火罐罐壁表面积、邻近罐罐壁表面积，降低混合比，增加着火罐或邻近罐的罐壁表面积，都会使消防用水总量增加。

六、实验过程及实验结果(要求提供操作过程截图)

实验三　爆燃灾害演化虚拟仿真实验

一、实验目的

(1) 掌握气体爆燃测试实验的基本原理、方法和步骤；
(2) 了解易燃气体在不同约束条件下爆燃的特性；
(3) 培养和强化学生按照操作规范安全实验的意识与习惯；
(4) 提升学生分析和解决气体燃烧爆燃实验中常见故障的能力；
(5) 锻炼学生通过实验设计和研究，解决复杂工程问题的能力。

二、实验原理

气体爆燃是一个复杂的过程，包括流动现象与化学反应间的耦合、火焰与激波的相互作用等多种因素。易燃气体在不同的约束条件下会产生不同的爆燃特性。长管道爆燃实验研究管道内火焰的传播速度和内部压强和温度的变化。爆轰波传播是一个超音速并伴随强非线性的复杂化学反应过程。本虚拟实验是从最基础的气体爆燃灾害演化到障碍物对爆燃灾害发展的影响，从多孔材料火焰抑制到细水雾和火焰的相互作用，涵盖真实爆燃灾害演化过程的多种情况。实验主要研究的问题是关于气体爆燃的过程中火焰速度的变化以及爆炸压力的分布。虚拟仿真系统把气体爆燃过程中障碍物、多孔陶瓷以及细水雾对于火焰速度及流场压力的影响结合起来，可以很直观明了地观察实验结果。

三、实验方法

学生通过本地终端，远程访问服务器，进入虚拟仿真实验系统，根据需要，选择实验项目，在系统的指导和提示下，逐步独立完成操作。该系统不受时间和空间的限制，通过逼真的实验场景重现，附以图形文字介绍、声光音效、深度互动等手段，让学生身临其境，深入浅出地掌握实验相关原理、方法和操作步骤，对课题理论教学起到良好的支撑作用。同时学生还可以根据自己的需要，对关键环节进行重复，直至掌握为止。

爆燃灾害演化虚拟仿真实验流程如图 2. 1. 1 所示。

首先学生通过本地浏览器远程登录“北京理工大学虚拟实验”网站（http：//vredu. bit. edu. cn/course-detail？ id = 1263284682443853824&expid = 1263281925922099200），选择实验项目“爆燃灾害演化虚拟仿真实验”；在线学习实验指导与观看实验介绍视频，对实验有一个整体的认识，完成预习；然后进入实验环境，根据系统引导，在虚拟环境中操作相关设备，获取实验数据；最后对实验数据进行处理和分析，完成思考题作业，提交实验报告，结束实验。

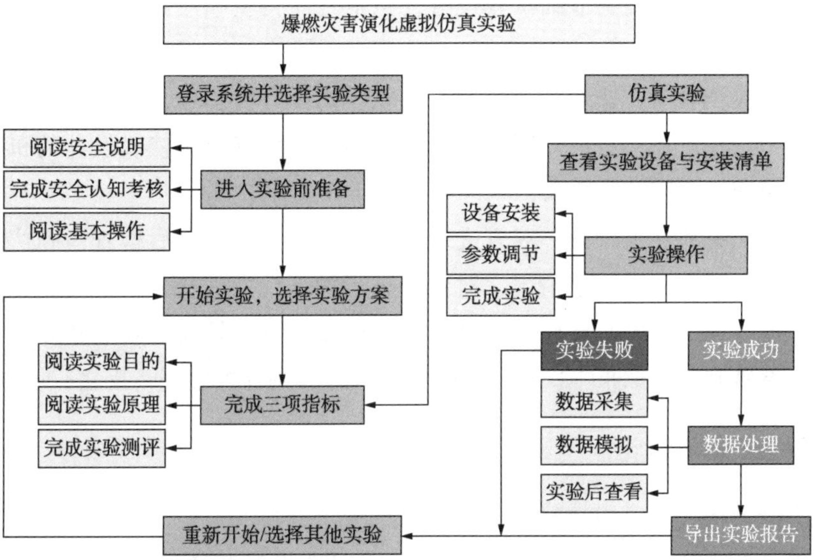

图 2.1.1　爆燃灾害演化虚拟仿真实验流程

四、实验步骤

1. 单人模式实验环节

（1）进入虚拟实验系统：通过本地浏览器登录“北京理工大学虚拟实验”网站，选择流体力学课程，进入“爆燃灾害演化虚拟仿真实验”，熟悉实验操作方式。

（2）实验安全教育：学习安全教育内容及安全须知，系统随机抽取 10 道判断题和 15 道选择题进行测验，成绩计入实验报告。

（3）实验操作：根据系统引导选择“气体爆燃基础实验”，学习实验目的和原理，观察主要仪器设备，完成设备认知操作，准备进入设备安装环节。

（4）仪器设备安装：自行搭建数据采集系统，安装压力和火焰传感器，调试高速摄像机，充入甲烷和空气，并安装点火设备，确保设备正常后进入实验环节。

（5）实验数据采集：关闭阀门，进行点火前检查，点火后进行数据采集，查看实验结果。

（6）实验数据导出：可视化分析爆燃过程，查看长管路中气体爆燃的演变过程及物理参数，分析实验报告内容。

（7）实验报告：提出研究问题，进行实验设计与研究，明确数据需求并获取实验数据，撰写实验报告，记录提交网址，完成后退出虚拟实验系统。

2. 双人模式实验环节

在双人模式实验中，先通过系统登录，选择进行双人竞赛模式并进行姓名设置。任务分配后，攻方可以调节可燃气体的当量比、挡板状况，具体包括爆炸极限浓度、挡板数量、挡板间距和阻塞比。守方则调节细水雾设置，包括气体类型和液体类型，并固定细水雾的位置。

双方共同完成长管道的安装，选择测试手段，如压力传感器、火焰传感器和高速摄像机，并设计测试位置。在初步设计结束后，攻方和守方均有一次修改设计的机会，如果双方同意并且系统初步判定符合要求，则进入下一环节。

在实验数据采集和导出阶段，双方进行点火，系统会进行最后检查，确认点火成功或失败。攻方和守方随后研讨实验情况，对数据进行加工、处理和分析，绘制压力变化曲线和火焰传播速度等相关图表。最后，系统综合评价攻方设计的促爆效应和守方设计的抑爆效应，确定竞赛胜利方。如果本次实验抑爆效应较强，则守方胜利；反之，攻方胜利。

五、实验结果与讨论

对于单人学习模式，以“易燃气体爆燃基础实验”为例。

（1）可燃气体甲烷浓度选择不同将影响爆燃灾害演化的整体行为。

① 甲烷浓度不在可燃极限范围内(5%~15%)，爆燃现象不会发生，实验点火将失败。

② 甲烷浓度在可燃极限范围内(5%~15%)，将发生爆燃现象，实验可以成功点火。

（2）数据采集装置摆放位置将影响数据采集，进而影响观察爆燃流场传播的效果。本项目中需要安装30个压力或者火焰传感器，每个采样点的传感器类型决定了实验采集到的实验数据，这些实验数据将揭示爆燃流场传播的规律。因此，建议安装顺序为每两个压力传感器后面安装一个火焰传感器，这样可以得到较为平滑的压力和火焰速度的图像，有利于后续实验流场分析。

以压力传感器为例，如果压力传感器安装得过密，将导致部分实验段火焰传播速度信息的缺失，无法合理描述气体爆燃行为。

（3）真空操作将影响管道内可燃气体的配比。在注入可燃气体前未排空实验管路，该实验行为会被认定错误。这主要由于管路内气体对于后续实验有明显的影响，带来实验误差。

（4）充气和排气阀门的控制将影响实验是否成功。在实验准备就绪的条件下，如果未关闭充气或者排气阀门直接点火，将产生安全事故，在实验中将听到在充气或者排气阀门处发生爆炸的声音并看到阀门破碎的动画。

六、实验过程及实验结果(要求提供操作过程截图)

实验四 基于合成氨工艺的典型生产安全事故应急处置虚拟仿真实验

一、实验目的

(1) 掌握合成氨的反应机理，熟悉合成氨生产工艺及主要设备的工作原理，加深学生对氨合成生产工艺、安全生产理论知识和理念的认知；

(2) 熟悉合成氨生产设备、特定生产装置的安全操作方法，掌握工业装置的安全冷态开车、正常操作及停车、各生产单元的工艺参数控制和常见的装置事故处理技能；

(3) 掌握合成氨生产过程控制的安全知识，训练学生自主地正确操作相应的阀门、设备和仪表等装置，培养化工装置开停车的安全性、规范性、严格性等意识；

(4) 通过氨合成塔塔顶着火、液氨泄漏致使人员中毒事故的应急演练，弥补现场实习时很难在高危、极端环境下开展实践的不足，提升学生安全理论知识水平及实际处置典型生产安全事故的能力；

(5) 此外，更重要的是培养学生敬畏生命、爱岗敬业、团队协作意识以及面对生产安全事故的应急处置能力，提升学生面对复杂化学工程问题时的综合处置能力。

二、实验原理

氨的合成是整个合成氨工艺中的核心部分。氨合成过程属于气固催化反应过程，反应是在较高压力下进行(高压易产生泄漏事故)的。由于反应后气体中氨含量不高，一般只有10%~25%，为了提高氢氮气的利用率，通常将未反应的氢氮气用循环机增压，再次循环反应(其中的氢气是可燃气体，易发生着火事故)。

1. 氨合成的反应原理

合成氨的反应式为：

$$\frac{1}{2}N_2+\frac{3}{2}H_2 \rightleftharpoons NH_3 \qquad -46.11kJ/mol$$

原料 N_2、H_2 自气相空间向催化剂表面接近，其绝大部分自外表面向催化剂毛细孔的内表面扩散，并在表面上进行活性吸附。吸附氮与吸附氢及气相氢进行化学反应，依次生成 NH、NH_2、NH_3。后者至表面脱附后进入气相空间。将整个过程表示如下：

N_2(气相)→N_2(吸附)—气相中 H_2→2NH(吸附)—气相中 H_2→$2NH_2$(吸附)—气相中 H_2→$2NH_3$(吸附)—脱附→$2NH_3$(气相)

在上述反应过程中，当气流速度相当大、催化剂粒度足够小时，外扩散、内扩散因素对反应影响很小，在铁催化剂上吸附氮的速度在数值上很接近于合成氨的速度，即氮的活性吸附步骤进行得最慢，是决定反应速度的关键，属于氨吸附速度所控制的。

2. 合成氨生产中着火事故的发生原理

由上述氨合成的反应式可知，该反应具有以下几个特点。

(1) 可逆反应：在氢气和氮气反应生成氨的同时，氨也分解为氢气和氮气。

(2) 放热反应：在生成氨的同时放出热量，反应热与温度、压力有关系。

由于该反应是放热反应，体系中含有可燃气体 H_2 等，在静电或局部火花存在的情况下，可能会发生着火事故。

3. 合成氨生产中泄漏事故的发生原理

由上述氨合成的反应原理可知，该反应是个体积缩小的反应，且反应是在高温高压下进行的。考虑到管道可能存在原始缺陷，在应力作用下，加之材料没有韧性，裂纹扩展，在达到临界尺寸时，裂纹贯穿，液氨泄漏，从而导致泄漏事故发生。

基于上述实验原理及反应特点，遵循传质、传热、动量传递和化学反应动力学、化工热力学和自动控制等基本原理的数学机理模型，搭建了一个高度逼真的合成氨虚拟仿真化工厂，主要包括 DCS 系统实时通信、合成氨系统以及合成塔出口管道着火、液氨泄漏等部分。

三、实验方法

(1) 自主学习(互联网在线+视频+理论考核)：学生通过个人账号在网上观看视频，在帮助模式下开展课前预习，教师可以通过账号监督学生预习情况：包括登录时间、观看时长等。学生通过测试后方可进入下一阶段的学习。

(2) 小组互动：实验前，以小组(一般 2~3 人)为单位进行仿真软件模拟的事故操作。学生根据智能评分系统的提示独立进行事故应急预案操作，教师对实验中的难点和重点操作步骤进行讲解和答疑。

(3) 集中讲解：教师对学生必须掌握的基本概念、理论知识以及实验内容(包括实验目的、工艺流程、软件界面及操作、课程具体安排、注意事项等)进行集中讲解。讲解的重点为工艺流程、实验设备、软件中自动控制设备的调节和设置等方面。

(4) 仿真实训：教师采用讲授法和协作法来满足学生的需要和促成学生的个性化学习。例如，每个学生根据指定工艺任务，负责操作仿真系统 DCS 图上的自动控制阀门，观察和调节各个参数，包括温度、压力、流量、液位和气体组成等，判断事故的可能故障点，并对 3D 虚拟现场发出具体调节指令，进行现场调控，开启和关闭各个截止阀、泵，调节手动调节阀的开度，检查现场仪表显示值。同时，要求学生对 3D 仿真现场必须非常熟悉，定期进行巡检，观察现场仪表参数。通过学生的主动学习实践，使其获得更深层次的理解，也让学生和教师有充裕的时间进行交流。

(5) 操作考核：以小组或个人为单位，实施“3D 虚拟现场站+DCS 中控室”协同操作考核。教师对软件进行设置，修改培训设置，设定考核策略、考核时间等参数。学生按照教师所设置的任务进行考核，在规定的时间内完成，软件根据预案控制水平，自动给出得分。

四、实验步骤

(1) 冷态开车：学生借助网络或上机，与计算机进行人机对话，按照实验预定步骤，须要依次进行精炼送气、系统冲压、循环水系统投入、合成反应等操作步骤，具体操作指令参见操作手册。

(2) 正常安全运行：学生按照实验预定步骤，须要依次进行阀门开度调节、氨分离器液位调节、温度及压力等参数调节，观察系统运行状态变化，了解参数变化对正常运行的影响，实现生产系统稳定安全运行。具体操作指令参见操作手册。

(3) 正常安全停车：学生按照实验预定步骤，须要依次进行自动改手动调节、压缩机停车、排废氨、系统泄压、相应阀门复位等安全操作，具体操作指令参见操作手册。

(4) 氨冷器温控失灵应对操作：学生需要全开温控系统旁路阀 VD5104，TIC5102 自动改手动，观察参数变化，微调相关参数，使系统稳定；再关闭温控系统前后阀，分析氨冷器温控失灵原因，进行维修工作等操作，具体操作指令参见操作手册。

(5) 氨分离器液位过高应对操作：学生按照实验预定步骤，须要全开阀 VD5111，进行排液；当液位正常时，关闭阀门，同时观察参数变化，微调相关参数，使系统稳定运行，具体操作指令参见操作手册。

(6) 合成氨塔顶着火事故应急演练-单人模式：单个学生依次扮演班长、内外操作工或安全员角色，依次进行火警报告，班长指挥，外操作工现场启动消防设备，内操作工调整设备及阀门参数，切断新鲜气、氨分离器阀门等，完成紧急停车，安全员现场警戒等操作。

(7) 合成氨塔顶着火事故应急演练-多人模式：多名学生分别扮演班长、内外操作工、安全员等，多人同时进行互动。根据事故预案，进行火警报告，班长指挥，外操作工现场启动消防设备，内操作工调整设备参数、切断供气等，完成紧急停车，安全员现场警戒等操作。

(8) 液氨泄漏中毒事故应急演练-单人模式：单个学生依次扮演班长、内外操作工、安全员角色，依次进行泄漏报告，班长指挥，外操作工稀释液氨并完成救人，内操作工调整设备参数，切断供气、氨分离器阀门等，完成紧急停车。安全员现场警戒，引导救护车等操作。

(9) 液氨泄漏中毒事故应急演练-多人模式：多名学生分别扮演班长、内外操作工、安全员等，多人同时进行互动。根据事故预案，依次进行泄漏报告，班长指挥，外操作工稀释液氨、救人，内操作工调整设备参数、停气、紧急停车。安全员现场警戒，引导救护车等操作。

(10) 保存数据，结束实验：学生完成以上操作后，检查所有记录及操作得分，复位所有阀门及仪表。老师网上检查学生操作，将所有学生记录导出，进行分数统计。

五、实验结果与讨论

（1）是否记录每步实验结果：是。

（2）实验结果与结论要求：实验报告等。

（3）其他描述：

完成合成氨工艺及应急事故处理仿真实验的各个任务后，学生能够完成以下目标：

① 完成对合成氨工艺生产线的认知；

② 熟练掌握各个单元的基本操作方法；

③ 完成着火、泄漏等事故应急处理过程；

④ 在规定时间内完成各项操作，上机操作过程和结果由计算机主动评分。

完成合成氨工艺及应急事故处理仿真实验，按以下要求对学生进行考核：

① 各个单元操作符合规范，主要考核学生对生产原理、各系统工艺及典型设备的熟悉程度；

② 生产任务完成情况、生产记录及故障排除技能、危险安全处置方法等正确，主要对学生仿真生产过程的学习表现和生产任务的完成情况进行评价，考核学生对安全理论知识和安全技能的掌握程度；

③ 撰写规范的分析报告，针对练习时间、练习成绩中暴露出的薄弱点进行分析，对考核存在的问题提出针对性的解决方案。

六、实验过程及实验结果(要求提供操作过程截图)

实验五　粉尘爆炸危险性评估虚拟仿真实验

一、实验目的

（1）知识目标。掌握粉尘爆炸和除尘系统防爆的基本原理，并熟悉粉尘爆炸严重程度（20L 球形爆炸测试）、粉尘爆炸敏感度（MIE 测试）实验室检测仪器的操作规程、步骤及方法；掌握 20L 球形爆炸测试中爆炸指数、隔爆阀工作角度计算与设计方法，深化学生对基础知识的理解。

（2）能力目标。掌握实验系统搭建、测试步骤，依据测试标准能够进行重复和筛选，研判实验进程，培养学生技术探索和工程实践能力；掌握除尘系统防爆装置的动作流程，比较分析实验数据，评估粉尘爆炸等级，优化除尘管道系统安全设计参数，开展防爆系统选型设计，培养复杂问题分析能力。

（3）思政目标。强化学生尊重生命、敬畏安全的意识，帮助学生养成严谨的科学态度和良好的安全习惯，增强学生人与自然和谐共生的素养，让学生更加了解我国在粉尘防爆领域的发展成就及相关法律法规和设计标准，增强他们的民族自豪感和自信心，培养学生投身平安中国建设的家国情怀。

二、实验原理

1. 粉尘爆炸原理

粉尘爆炸是因粉尘粒子的表面氧化而发生的，这种呈颗粒状的可燃物周围，与氧化剂产生反应发生的爆炸所放出的能量介于气体和火药爆炸能量之间，其最高值为气体爆炸能量的数倍。

2. 粉尘爆炸特性表征

（1）粉尘云爆炸下限（MEC），指在特定测试条件下，爆燃火焰能够在其中持续传播的粉尘云的最低浓度；

（2）粉尘云最小引燃能量（MIE），指电容储存的能够点燃最敏感浓度粉尘云的电极间释放的最低火花能量；

（3）粉尘云爆炸指数 K_{st}。

粉尘最大爆炸压力 p_{max}，封闭容器内最佳浓度粉尘云爆燃时的最大超压值；粉尘最大爆炸压力上升速率 $(dp/dt)_{max}$，封闭容器内粉尘云爆燃时压力-时间曲线最陡的上升斜率；爆炸指数（爆炸严重程度）。

参数总体分为：敏感度参数（sensitivity parameters）、猛度参数（severity parameters）两类。

敏感度参数包括：①粉尘最低着火温度；②粉尘云最小引燃能量；③粉尘云爆炸下限。反映粉尘云发生着火爆炸的难易程度。

猛度参数包括最大爆炸压力及其上升速率，反映粉尘云着火后的爆燃猛烈程度。

3. 20L 球形爆炸测试原理

20L 球形爆炸测试用于确定在特定的测试条件下粉尘云爆炸的最大压力 p_{max}、最大压力上升速率$(dp/dt)_{max}$。

4. 最小点火能测试原理

最小点火能测试是用于确定在特定的条件下刚好能够点燃粉尘和空气混合物的最小能量。

三、实验方法

在实验教学过程中，采用实验情景式、案例驱动式、问题探究式等相融合的教学方法，将各知识点分解到基础训练和综合设计中。结合实际测试真实数据，通过 20L 球形爆炸测试、最小点火能测定、除尘系统防爆等三个单元的实验操作，观察和分析实验现象，使学生全面理解和掌握粉尘爆炸与防护理论，达成“基本原理学习、综合能力提高、创新实践训练”的教学目标。在实验方法上，综合采用观察法、控制变量法、类比法、自主操作法、提示引导法等，使学生全面掌握粉尘爆炸测试、爆炸防护设计，理解粉尘爆炸危险性评估的流程与方法，实验教学过程及实验方法如图 2.1.2 所示。

(1) 观察法主要帮助学生观察爆炸球设备空间结构、除尘系统空间布局以及防爆装置内部结构。学生可以清晰地观察爆炸球内外部结构、零配件功能与结构的统一；观察除尘抑爆功能实现时火花探测器、喷头、控制柜、电磁阀、压力开关等器件的细节、结构、工作流程的变化；了解负压工艺系统，允许管道内的气体和粉尘通过，泄爆探测器用来检测泄爆片是否开启的细节、结构、工作流程。

(2) 控制变量法主要用于 20L 球形爆炸测试实验、最小点火能测定实验，可以让学生详细了解某个粉尘的粉尘质量(浓度)、点火能量对粉尘爆炸下限、粉尘爆炸压力和点火灵敏度的影响。

(3) 类比法主要用于 20L 球形爆炸测试实验和除尘系统防爆实验，将不同层次的相关知识点由易到难、系统地展示给学生。20L 球形爆炸测试实验环节，学生分别拖动进度条到 30ms 左右、90ms 左右及超过 90ms 三个时段，系统停止流场图进程，对照爆炸曲线、配合文字说明，查看爆炸过程早期、中期及终期三个典型阶段粉尘爆炸温度和火焰流场变化模拟，学生直观地体验粉尘爆炸的发生、发展过程，粉尘爆炸温度和火焰流场变化情况，将模拟结果和仿真实验结果进行对照分析，掌握可以利用数值模拟技术模拟粉尘爆炸，实现在实验室无法进行的粉尘爆炸实验，同时了解模拟理论及方法的优点缺点，知道数值模拟模型是需要不断修正的。选择不同粉尘研究，从而获取各类粉尘的最优防爆控制方案，

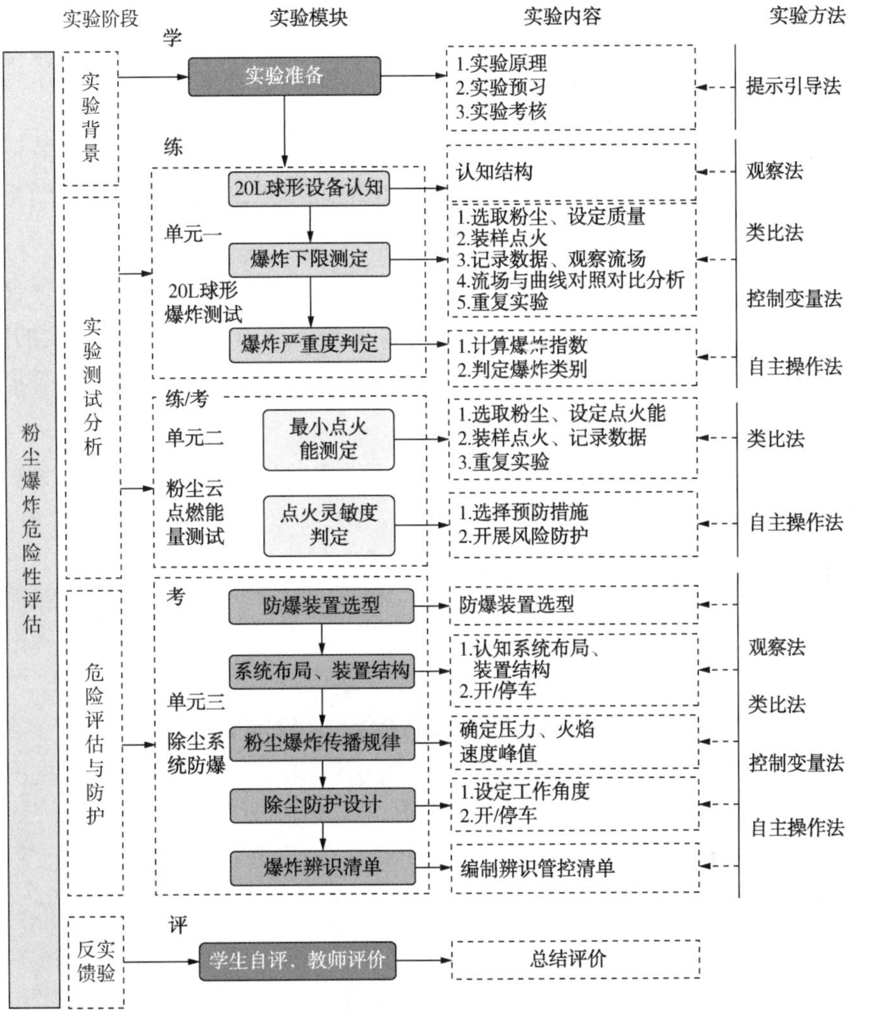

图 2.1.2　实验教学过程及实验方法

符合学生的学习认知规律。

（4）自主操作法主要用于最小点火能测定实验和除尘系统防爆实验，提高学生学习的主动性和积极性，同时有助于培养学生的创新意识。学生根据除尘系统配置的防爆装置，自主设计隔爆阀工作角度，允许学生试错，让学生深度参与爆炸防护方案的设计过程，最终得到系统安全性的保护方案。

四、实验步骤

（1）通过指定网址登录虚拟实验系统，输入用户名和密码，进入虚拟仿真实验界面。接着进行实验预习和考核，学习粉尘爆炸特性及相关知识，确保具备必要的背景知识后，完成理论考核。

（2）20L 球形爆炸测试环节，学生需了解 20L 球形爆炸测试系统的结构，并选择粉尘类型，设定合适的粉尘质量。随后进行装样与点火，记录实验结果，并对比实验数据与数值模拟结果，分析爆炸曲线。接着，学生进行多次实验以确定粉尘的爆炸下限浓度，并根据实验数据计算爆炸指数，判定粉尘爆炸的严重程度。

（3）最小点火能测定环节，学生选择粉尘并设定适当的点火能量。通过装样与点火模拟，观察粉尘的点燃情况，并重复实验以确定粉尘的最小点火能。根据测试结果，学生选择相应的防护措施。

（4）进入除尘系统防爆环节，首先，根据粉尘爆炸类别和最小点火能选择合适的防爆装置，了解除尘系统的布局及内部结构。其次，确定爆炸压力和火焰传播速度的曲线峰值，进行隔爆防爆设计，确保响应时间满足要求。最后，编制粉尘爆炸风险辨识管控清单，选择技术、管理和应急措施，确保实验安全。

（5）对面粉、煤粉等粉尘进行危险性评估，记录实验数据以融会贯通相关知识。学生根据实验现象和数据分析结果撰写实验报告，记录学习体会和建议，并完成报告提交。

五、实验结果与讨论

六、实验过程及实验结果（要求提供操作过程截图）

实验六　易燃易爆危险化学品车载运输系统安全虚拟仿真实验项目

一、实验目的

（1）掌握危化品运输车辆的常见危险因素。构建危化品装卸区虚拟场景，并在常见危险源处设置相应提示信息，学生对危险区域漫游，根据提示使用鼠标点击危险源，学习并掌握危化品车辆在物的不安全状态、人的不安全行为等方面的危险源特性及其导致的事故类型。

（2）培养学生基本的危险因素辨识能力。在学生完成常见危险源的学习后，进行危险源的辨识测试，在虚拟场景内危险源会随机呈现危险状态，且场景内无相关提示信息，学生需要根据所学知识使用鼠标识别出场景内的所有危险源，通过学生识别危险源的正确率评价学生的危险源辨识能力，增强学生安全责任感和安全意识。

（3）熟悉危险化学品运输系统常用传感器类型、原理，并具备传感器正确选型的能力。理解温度、压力、液位、倾角、气体等物理量测量的原理方法、类型，给定随机的危化品介质类型，培养学生合理选择传感器的能力。

（4）掌握危化品车辆发生侧滑、侧翻的临界条件，能够计算识别车辆发生侧滑、侧翻的阈值速度。根据车辆运行场景中车辆载重、长度、坡度、转弯角度等因素，要求学生计算出车辆发生危险倾斜的阈值，并驾驶危化品车辆进行转弯测试。

二、实验原理

危化品具有易燃、易爆、有毒和易挥发等特点，随着危化品需求量的不断增加，危化品运输环节灾害事故屡有发生。危险化学品对运输车辆要求较高，承运危险化学品的运输车辆是流动的重大危险源，相比普通车辆更易发生事故，而且事故具有突发性、复杂性和更大危害性。危险化学品运输事故不同于一般运输事故，往往会衍生出燃烧、爆炸、泄漏等更严重的后果，造成经济损失、环境污染、生态破坏、人员伤亡等一系列的社会问题。因此，加强危化品运输车辆的安全管理和监测预警是预防危化品运输事故的首要手段，这也是学习本虚拟仿真实验项目的主要目的。

本虚拟仿真实验项目的实验原理主要有以下几方面。

1. 危化品车辆危险源辨识

本虚拟实验项目通过构建危化品装卸区虚拟模型，运用安全系统分析的方法对危化品车辆的危险因素进行辨识和评价，使学生掌握危险源辨识、评价和控制的基本方法，熟悉相关安全生产基本规范，增强学生安全意识。

2. 危化品运输车辆安全监测传感器选型

不同的传感器类型适用于不同的应用场景，一般在监测评价体系中，需要有针对性地选择气体检测、压力、液位、加速度、倾角、温度、湿度等多种传感器类型。本虚拟实验项目要求学生熟悉不同传感器的测量参数、基本类型、适用范围等基本知识，根据上述知识依据危化品介质选择合理的传感器。

3. 危化品车辆侧滑、侧翻阈值测试

根据实验场景给出的天气、车辆轮距、转弯半径、车辆倾角等参数，计算车辆发生侧滑和侧翻的阈值速度，并驾驶车辆通过转弯测试。发生侧滑和侧翻的阈值速度分别为：

$$v_{侧滑}=\sqrt{\mu gr}$$

$$v_{侧翻}=\sqrt{\left(\frac{B}{2h}-\theta\right)gr}$$

式中 μ——地面摩擦系数；

g——重力加速度；

r——弯道半径；

B——车辆轮距；

h——车辆质心高度；

θ——车辆倾角。

三、实验方法

1. 实验方案设计

本虚拟实验项目以危化品运输车辆为主要分析对象，分为危险辨识和安全监测两个实验模块，既可单独开展实验教学，也可合并开展综合实践。

危险辨识模块分为危险因素认知和危险因素辨识考核两部分。在认知部分，分物的不安全状态和人的不安全行为两类，学习危化品车辆主要危险因素及其状态，并熟悉操作过程；在考核部分，场景中将随机出现 20 个危险因素，且每个危险因素的危险状态是随机的，学生应在规定时间内识别所有危险因素。

安全监测模块则按照“传感器认知→传感器选型→车辆侧翻实验”的设计思路，由浅入深开展实验教学。首先根据指示学习危化品车辆常用传感器检测原理等，其次根据危化品介质类型选择合适的传感器，最后开展车辆侧翻测试实验，培养学生安全检测预警设计能力。

2. 教学方法创新

易燃易爆危险化学品车载运输系统安全虚拟仿真实验项目坚持“虚实结合、相互补充、能实不虚”的原则，以培养学生的实践能力和创新精神为目标，采用线上线下教学相结合的个性化实验教学新模式，弥补了课外实践难以开展的不足。实验过程中设置多个随机参数，体现了安全事故的不确定性，在保证实验灵活性的基础上，强化学生的安全意识。

3. 评价体系创新

易燃易爆危险化学品车载运输系统安全虚拟仿真实验系统能够对参加实验学生的全过程进行记录，并能够随时进行实验指导，对学生预习效果、实验步骤以及实验成绩评价都具备完善的评价标准，提高了评价的公正性。平台建立完善的反馈机制，对参加实验学生各方面的建议、评价与反馈信息，进行全面系统的统计分析，为指导教师改进和完善实验提供参考，提高教学效果。

四、实验步骤

（1）本实验开始时使用 Google Chrome 浏览器登录项目网站，以获取项目描述、特色及网络要求，并认真阅读相关实验教学资源。登录后，选择“危化品车辆危险辨别与风险评价”模块。

（2）进入该模块后，点击“开始实验”，学习三个典型的危化品车辆事故案例，以认识危化品车辆事故的危害与特点。完成引言学习后，进入“安全认知教学”模块，从“车辆种类”“物的不安全状态”和“人的不安全行为”三个方面展开学习。

（3）在“车辆种类”部分，了解危化品运输车辆的基本概念。在“物的不安全状态”下，依次学习车辆车体、驾驶室、货箱罐体、安全装置和安全标志的危险因素，通过互动方式识别并了解各部位的安全隐患。

（4）完成安全认知教学后，进入“危险识别考核”阶段。场景中将随机出现 20 处危险因素，需要在 20min 内识别所有危险源，并进行分类。

（5）完成危险辨识模块后，填写实验报告并提交。返回首页，选择“危化品安全监测预警系统”模块，点击“开始实验”。在此模块中，学习温度传感器、压力传感器等传感器的测量原理和适用范围。

（6）进入传感器选型测试，根据随机抽取的危化品介质选择合理的传感器。接着，进入“危化品车辆侧翻测试模块”，记录车辆状态信息，并计算侧翻速度阈值。

（7）在侧翻测试环节，根据天气、车辆状态和弯道半径信息，以适当速度驾驶车辆通过弯道，确保达到测试要求。完成安全监测实验模块的实验报告并提交。

五、实验结果与讨论

六、实验过程及实验结果（要求提供操作过程截图）

第三篇
综 合 实 验

“安全工程专业综合实验”作为安全工程本科教育中的核心环节，其设计初衷在于通过一系列精心策划的实验项目，将安全科学的基础理论与化工安全的实际应用紧密结合，全面提升学生的专业素养和实践能力。本实验课程遵循国家本科专业建设标准，强调通识教育与专业特色并重，既注重培养学生的基础知识和通用技能，又紧密围绕化工安全领域的特殊需求，形成独具特色的教学模式。课程内容涵盖安全工程基础、化工安全原理、安全风险评估、应急管理与救援等多个领域的实验项目。这些项目不仅覆盖了安全工程学科的核心知识点，还紧密结合了化工行业的实际生产场景和潜在安全风险，使学生能够在模拟真实环境中掌握安全工程的基本技能并提高解决复杂问题的能力。同时，实验项目的设计注重层次性和递进性，从基础实验到综合实验，从验证性实验到设计性实验，逐步引导学生深入探索安全工程的奥秘。

在实验教学过程中，课程强调以学生为中心，注重培养学生的自主学习能力和创新思维。通过小组合作、项目驱动等教学模式，鼓励学生积极参与实验设计、数据分析和结论总结等环节，培养他们的团队协作能力和实践创新能力。同时，我们还引入了现代化的教学手段和技术手段，如虚拟仿真技术、大数据分析等，为学生提供更加丰富、直观的学习体验。

在通识型专业培养方面，“安全工程专业综合实验”注重培养学生的综合素质和跨学科能力。我们鼓励学生拓宽知识面，关注安全工程与其他学科的交叉融合，培养他们的跨学科思维和综合应用能力。此外，我们还注重培养学生的社会责任感和职业道德素养，通过案例分析、安全教育等形式，引导学生树立正确的价值观和职业观。在化工安全办学特色方面，“安全工程专业综合实验”紧密围绕化工行业的实际需求和发展趋势，注重培养学生的化工安全意识和实践能力。我们与化工行业的企业和科研机构建立紧密的合作关系，共同开发实验项目，引入行业标准和先进技术，使学生能够更好地适应化工行业的发展需求。同时，我们还注重培养学生的创新思维和创业精神，鼓励他们关注化工行业的前沿技术和热点问题，积极参与科研项目和创新创业活动。

学生通过“安全工程专业综合实验”的学习，将掌握安全工程学科的基本理论和方法，熟悉化工安全领域的特殊要求和技能，具备解决实际安全问题的能力和素质，成为既具备扎实专业知识又具备创新精神和实践能力的安全工程人才，为推动我国化工行业的安全发展贡献自己的力量。同时，他们也具备较好的人文社会科学素养、健康的身心素质、较强的社会责任感和良好的职业道德，成为德智体美劳全面发展的高素质人才。

实验一　安全人机综合实验

一、实验目的

(1) 检验被试同时进行两项工作的能力，了解应激反应时间；

(2) 探究距离对速度知觉的影响；

(3) 加深对反应时概念。

二、实验原理

(1) 注意分配指人在同一时间内把注意指向两种或两种以上的活动或对象的能力。它是人根据当前活动需要主动调整注意指向的一种能力，与注意分散有本质区别。

(2) 速度知觉是运动知觉的一种，指估计物体的运动速度的能力，与时间知觉也有一定关系，在人的实践活动中有重要意义。速度知觉的准确性可以作为职业测评的一个指标。

(3) 系统呈现一个刺激，要求操作者根据刺激的信息内容作出相应反应。一般将外界刺激出现到操作者根据刺激信息完成反应之间的时间间隔称为反应时。反应时是安全人机工程学在研究和应用中经常使用的一种重要的心理特征指标。人的信息处理过程，大部分活动是在体内潜伏进行的，难以对信息接受、加工和传递各个阶段进行精确的实验测定。

三、实验方法与步骤

1. 注意分配测试

(1) 插好~220V 电源插头，开“电源”开关，电源指示灯亮。

(2) 检测(试音，试光)：主试设工作方式 $W=6$，按复位键后，让被试分别按压 3 个声音按键，细心辨别三种不同音调并记牢；分别按压 8 个光按键，对应发光二极管亮；按启动键，操作指示灯亮，则表示仪器正常，可进行测试实验。

(3) 主试用拨码开关设置测试时间，如 $T=1$(1min)；设置工作方式 $W=2$(三声)。按复位键，置仪器为初始状态。被试按启动键，工作指示灯亮，测试开始，被试用左手无名指、食指和中指分别对高、中、低三音尽快作出正确反应。

(4) 设置工作方式 $W=3$(光反应)。被试按启动键，工作指示灯亮，测试开始。被试用右手食指尽快按压与所亮发光管相对应的按键，无发光管亮，且工作指示灯闪烁，表示测试时间到。

(5) 设置工作方式 $W=5$(三声+光)。被试按启动键，工作指示灯亮，测试开始。被试应用左、右手分别对声、光两种刺激尽快地作出正确反应。

（6）对新被试测试时主试应按下复位键，重复上述实验过程。

（7）实验数据计入表 3.1.1 中，并计算 Q 值。

$$Q=\sqrt{\frac{S_2F_2}{S_1F_1}}$$

式中 S_1——被试对单独声刺激的反应次数；

S_2——声、光两种刺激同时出现时被试对声刺激的反应次数；

F_1——被试对单独光刺激的反应次数；

F_2——声、光两种刺激同时出现时被试对光刺激的反应次数。

Q 值的判定：$Q<0.5$ 没有注意分配值；0.5~1 有注意分配值；>1 注意分配值无效。

2. 速度知觉测试

（1）将电源线连接到 220V 交流电上；

（2）将反应键的插头接到知觉箱的插座上；

（3）打开电源；

（4）速度选择开关，有快、慢二档供主试选择(慢：4s±0.5s，快：2s±0.5s)；

（5）位置选择开关有近、远二档挡板与开关选择同步移动供主试选择；

（6）主试按启动按钮，灯光自右向左移动；

（7）被试按下反应键后，计时器显示出结果；

（8）主试按复位键，为下次操作做准备。

注：本实验共有四种条件：2(快速/慢速)×2(远/近)= 4(远快、近快、远慢、近慢)。用 ABBA 法，被挡住距离远时，先在快速运动条件下，速度估计 10 次，再在慢速条件下速度估计 20 次，最后再在快速条件下速度估计 10 次，共 40 次；被挡住距离近时，重复距离远的速度估计 40 次。整个实验共计 80 次。每 10 次实验休息 2min。

记录每次实验结果，记录显示屏呈现的误差值(仪器上显示负值说明被试滞后反应；正值表示被试提前反应)。实验过程中，主试不将实验结果告诉被试。

3. 视觉反应时测试

（1）打开电源开关，接通电源。

（2）自检：用此功能检查仪器好坏。按“自检”键，矩阵灯依次点亮，可以检测仪器工作是否正常，自检完毕后，回到默认状态。

（3）选择实验类型及组别：按“设置”键，实验设置闪烁，根据实验需要选定测试组别，按“位选”键，切换到要调整的位(个位，十位)，按“调整”键，调整位数。

（4）选择实验次数：实验次数范围为 10 次。按“选次”键，次数百位数码管闪，按“+”键调百位数；再按“选次”键，次数十位数码管闪，按“+”键调十位数；再按“选次”键，次数个位数码管闪，按“+”键调个位数。

(5) 按“启动”键开始实验。在实验正式开始之前，主试必须向被试说明实验内容与要求，反应的判别方式。被试面对显示屏，左手握“左”回答手键，右手握“右”回答手键，做好回答准备。实验开始后，被试注视显示屏，按要求进行回答，在回答正确的前提下，回答越快越好。回答正确，显示器自动显示每次回答的反应时间；回答错误，蜂鸣声响提示，记录一次错误次数。实验结束，蜂鸣长声响，显示该组实验结果。

(6) 一组实验结束后，换新的被试，若实验内容不变，主试只需按下“启动”键，测试重新开始。如更换实验内容，请按“复位”键后，重新设定实验参数。

四、实验结果与讨论

1. 注意分配测试结果

注意分配测试结果如表 3. 1. 1 所示。

表 3. 1. 1 注意分配测试结果

被试	实验方式	三声		光		Q 值
		正确	错误	正确	错误	
甲	2			—	—	
甲	3	—	—			
甲	5					
乙	2			—	—	
乙	3	—	—			
乙	5					

2. 速度与挡板距离对速度知觉阈限的影响

快速、慢速条件下的速度知觉阈限分析，如表 3. 1. 2 所示。

表 3. 1. 2 快速、慢速条件下的速度知觉阈限分析

类别/数值	平均数	标准差
快速		
慢速		

远、近距离条件下的速度知觉阈限分析，如表 3. 1. 3 所示。

表 3. 1. 3 远、近距离条件下的速度知觉阈限分析

类别/数值	平均数	标准差
远		
近		

被试速度知觉阈限的平均值，如表 3.1.4 所示。

表 3.1.4　被试速度知觉阈限的平均值　　(s)

类别/数值	远慢	近慢	近快
阈限值			

3. 深度知觉反应时测试

刺激概率对反应时的影响(简单反应)，如表 3.1.5 所示。

表 3.1.5　刺激概率对反应时的影响(简单反应)

组别	总平均反应时/s	红色		黄色		绿色		测量次数/次
		出现次数/次	反应时/s	出现次数/次	反应时/s	出现次数/次	反应时/s	
组别 1								
组别 2								
组别 3								
组别 4								
平均								

不同测试项目对出错率及反应时的影响(选择反应)，如表 3.1.6 所示。

表 3.1.6　不同测试项目对出错率及反应时的影响(选择反应)

测试项目	组别序列	出错次数/次	平均反应时/s
数奇偶不同排列			
数量多少与排列			
刺激对异同及时间间隔			

注：表中所有反应时数据均为测试 20 次所得的平均值。

4. 个人实验数据讨论与规律总结

(结合所测实验数据，从人机工程的角度阐述个人安全行为数据，并举例)

实验二　安全检测监测综合实验

一、实验目的

通过对火灾爆炸等事故性质、状态及危害程度的分析，掌握噪声、易燃易爆气体探测、综合烟气分析仪、粉尘测量等方法，掌握突发事件的事前、事中与事后恢复基本技能，并能做出正确的安全判断与防护。

二、实验原理

（1）以恒速抽取定量体积的空气，使之通过采样器中已衡重的滤膜，则总悬浮颗粒物（TSP）被截留在滤膜上，根据采样前后滤膜重量之差及采气体积计算 TSP 的浓度。

（2）声音是大气压上的压强波动，这个压强波动的大小简称为声压，以 p 表示，其单位是 Pa（帕）。从刚听到的声音到人们不堪忍受的声音，声压相差数百万倍。显然用声压表达各种不同大小的声音实属不太方便，同时考虑了人耳对声音强弱反应的对数特性，用对数方法将声压分为百十个等级，称为声压级。

三、实验方法与步骤

1. 粉尘测试

（1）滤膜准备：首先检查滤膜是否有针孔或其他缺陷，然后将其放在恒温箱中于 15~30℃任一点平衡 24h，并在此平衡条件下称重（精确到 0.1mg），记下平衡温度和滤膜重量，将其平放在滤膜袋或盒内。

（2）采样：取出称过的滤膜并平放在采样器采样头内的滤膜支持网上（绒面向上），用滤膜夹夹紧。以 100L/min 流量采样 2.5h，记录采样流量和现场的温度及大气压。用镊子轻轻取出滤膜，绒面向里对折，放入滤膜袋内。

（3）称量和计算：将采样滤膜在与空白滤膜相同的平衡条件下平衡 24h 后，用分析天平称量（精确到 0.1mg），记下重量（增量不应小于 10mg），按下式计算 *TSP* 含量：

$$TSP(mg/m^3)=\frac{(W_1-W_0)}{V_n}\times1000$$

式中　W_1——尘膜重量，g；

W_0——空白滤膜重量，g；

V_n——标准状态下的累计采样体积，m^3。

当采样器未直接显示标准状态下的累积采样体积 V_n时，按下式计算：

$$V_n = \frac{Q}{1000} \times \frac{P_2 T_n}{P_n T_2} \times t \times 60$$

式中　Q——采样器采气流量，L/min；

P_2——采样期间测试现场平均大气压力，kPa；

T_n——标准状态的绝对温度，273K；

t——累计采样时间，h；

P_n——标准状态下的大气压力，101. 325kPa；

T_2——采样期间测试现场环境温度，K。

2. 噪声测试

每1~4人为一组，选择合适的测量区域如各教学区、体育场、宿舍楼、校内道路、校门口、饭堂等，确定测点位置，各区域测点数自由选择，总测点数为5处。

(1) 选取校园内5个不同的典型位置，每个测点每2min读数一次，共计读数16组(临街→操场→图书馆区→宿舍区→教学区)；

(2) 每3个人为一组，分别对5个点进行为期30min的测量；

(3) 结合同一时间段的其他4点的数据进行本时间段的校园声环境分析。

注意事项：选择测量区域时要充分考虑测量时的安全性，不能离开校区；测量要求传声器离地面高1. 2m，并远离其他反射机构；使用仪器时要小心，不可掉在地上。

四、实验结果与讨论

1. 室内粉尘测试

室内粉尘浓度测试结果如表3. 2. 1所示。

表3. 2. 1　室内粉尘浓度测试结果

序号	测试地点	测试样本1-*TSP*	测试样本2-*TSP*	测试样本3-*TSP*
1				
2				
3				
4				
5				

建议措施：

(请根据所测实验数据，撰写粉尘防治对策措施及企业预防粉尘爆炸的方法，不少于500字)

2. 校内噪声测试

校园噪声(教学区)监测数据，如表3. 2. 2所示。

表 3.2.2 校园噪声(教学区)监测数据

时间：　　　　　　　　　　天气：晴　　　　　　　　　地点：

测量仪器：声级计　　　　　　　　　　　　　　　　　　取样总次数：　次

取样间隔：2min　　　　　　　　　　　　　　　　　　　单位：dB

最大值：　dB　　　最小值：　dB　　　等效连续 A 声级：Leq = 57.71dB

昼间标准值：　dB　　　超标个数：　　　　超标率：%

L_{10} =　　　　　　L_{50} =　　　　　　L_{90} =

$d = L_{10} - L_{90}$ =　　　　累计分布声级 Leq =

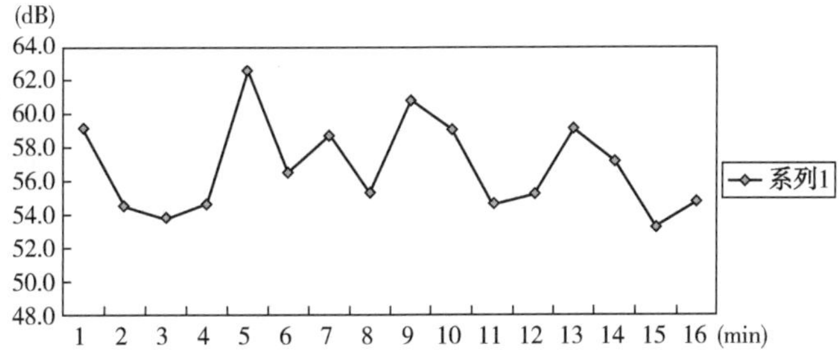

所有测点数据汇总表：

环境噪声测量(时间：　年　月　日　时　)

组别	1(校门口)	2(操场)	3(图书馆区)	4(宿舍区)	5(教学区)
	16、17、18	19、20、21	22、23、24	25、26、27	28、29、30
组别 1					
组别 2					
组别 3					
组别 4					
组别 5					
等效连续 A 声级					
累计分布声级					

实验三　防火防爆技术综合实验

一、实验目的

（1）评价某些材料的燃烧性能；

（2）掌握锥形量热仪测定聚合物的热解特性，熟悉其热解分析测量操作；

（3）防火涂料火焰传播性能的优劣；

（4）评价常见材料的燃烧性能。

二、实验原理

1. 氧指数测定

以氧所占体积分数的数值表示（即在该物质引燃后，能保持燃烧 50mm 长或燃烧时间 3min 时所需要的氧、氮混合气体中最低氧的体积分数）。

$$OI=\frac{[O_2]}{[N_2]+[O_2]}\times 100\%$$

式中 $[O_2]$、$[N_2]$ 分别为氧气和氮气的体积流量；氧指数作为判断材料在空气中与火焰接触时燃烧的难易程度非常有效。一般认为，$OI<27$ 的属易燃材料，$27\leqslant OI<32$ 的属可燃材料，$OI\geqslant 32$ 的属难燃材料。

2. 烟密度测定

材料在烟箱中燃烧产生烟气，烟气中固体尘埃会通过烟箱的光反射，造成光通量的损失。通过测量光通量的变化来评价烟密度大小，从而确定在燃烧和分解条件下建筑材料可能释放烟的程度。

三、实验方法与步骤

1. 氧指数测定

（1）检查气路，确定各部分连接无误，无漏气现象。

（2）确定实验开始时的氧浓度：根据经验或试样在空气中点燃的情况，估计开始实验时的氧浓度。如试样在空气中迅速燃烧，则开始实验时的氧浓度为 18%左右；如试样在空气中缓慢燃烧或时断时续，则为 21%左右；试样在空气中离开点火源即马上熄灭，则至少为 25%。氧浓度确定后，在混合气体总流量为 10L/min 的条件下，便可确定氧气、氮气的流量。例如，若氧浓度为 26%，则氧气、氮气的流量分别为 2. 6L/min 和 7. 4L/min。此时数显窗口数值，即为当前的氧浓度值“26”。

（3）安装试样：将试样夹在夹具上，垂直地安装在燃烧筒的中心位置上（注意要画

50mm 标线)，保证试样顶端低于燃烧筒顶端至少 100mm，罩上燃烧筒(注意燃烧筒要轻拿轻放)。

(4) 通气并调节流量：开启氧气、氮气钢瓶阀门，调节减压阀压力为 0.2~0.3MPa，然后开启氮气和氧气管道阀门(在仪器后面标注有红线的管路为氧气，另一路则为氮气，应注意：先开氮气，后开氧气，且阀门不宜开得过大)，调节稳压阀，使仪器压力表指示压力为 0.1±0.01MPa，并保持该压力(禁止使用过高气压)。调节流量调节阀，通过转子流量计读取数据(应读取浮子上沿所对应的刻度)，得到稳定流速的氧、氮气流。应注意：在调节氧气、氮气浓度后，必须用调节好流量的氧氮混合气流冲洗燃烧筒至少 30s(排出燃烧筒内的空气)。

(5) 点燃试样：用点火器从试样的顶部中间点燃，勿使火焰碰到试样的棱边和侧表面。在确认试样顶端全部着火后，立即移去点火器，开始计时或观察试样烧掉的长度。点燃试样时，火焰作用的时间最长为 30s，若在 30s 内不能点燃，则应增大氧浓度，继续点燃，直至 30s 内点燃为止。

(6) 确定临界氧浓度的大致范围：点燃试样后立即开始计时，观察试样的燃烧长度及燃烧行为。若燃烧终止但在 1s 内又再燃，则继续观察和计时。如果试样燃烧时间超过 3min 或燃烧长度超过 50mm，说明氧的浓度太高必须降低，此时记录实验现象为“×”；如试样燃烧在 3min 和 50mm 之前熄灭，说明氧的浓度太低需提高氧浓度，此时记录实验现象为“○”。如此在氧的体积百分浓度的整数位上寻找这样相邻的四个点，要求这四个点处的燃烧现象为“○○××”。例如，若氧浓度为 26%时，烧过 50mm 的刻度线，则氧过量，记为“×”，下一步调低氧浓度，在 25%做第二次，判断是否为氧过量，直到找到相邻的四个点为氧不足、氧不足、氧过量、氧过量，此范围即为所确定的临界氧浓度的大致范围。在上述测试范围内，缩小步长，从低到高，氧浓度每升高 0.4%重复一次以上测试，观察现象并记录。根据上述测试结果确定氧指数 OI。

2. 烟密度测定

(1) 接通电源、气源及相应的连接线，打开仪器上的电源开关和背灯开关，燃烧箱内有光束通过，预热 15min。

(2) 打开计算机中的“烟密度”应用程序，点击“校准”，点击“插入遮光片”，插入后再点击，点击“移出遮光片”，移出后再点击，点击“插入滤光片”，插入后再点击，微调“满度”校准。分别用三块标准滤光片进行挡光束实验，其“光通量”数显值分别与标准滤光片的标定透光率值之差三次平均值应小于 3%(绝对值)，关闭仪器左上角的排风扇开关。

(3) 打开燃烧箱门，把试样放入试样架框内，其位置应处于本生灯转入工作状态时燃烧火焰对准试样下表面中心；打开燃气阀门和仪器上的“燃气开关”，用明火或点火枪点着本生灯，调节“燃气调节”使仪器上压力表指示 210kPa。

(4) 点击“实验一”，进行第一个试样的实验。记录包括样品出现火焰的时间，火焰熄灭时间，样品烧尽的时间，安全出口标志由于烟气累积而变模糊的时间，一般的和不寻常的燃烧特性，如熔化、滴落、起泡、成炭；每次实验结束后，应立即打开烟箱门，启动排风机排除烟箱内的残烟，同时用镜头纸清洁箱内的两个玻璃圆窗。

（5）一组实验的数据未采集前，不得按复位键；依次进行“实验二”“实验三”；生成实验报告。

（6）实验完毕后关闭燃气，关闭电源及光源。待试样燃烧完全结束或人工将火焰熄灭后，确保无安全隐患时将试样从实验装置中取出，测试全部结束后清洁烟箱。

四、实验结果与讨论

1. 氧指数测定

实验现象记录见表 3.3.1。

表 3.3.1　实验现象记录

样品名称/编号	样品描述	燃烧现象	结果判断/原因解释

实验数据记录见表 3.3.2。

表 3.3.2　实验数据记录

实验次数/次	1	2	3	4	5
氧浓度/%					
氮浓度/%					
燃烧时间/s					
燃烧长度/mm					
燃烧现象					
点燃时间/s					
燃烧结果					

2. 烟密度测定

烟密度参数见表 3.3.3。

表 3.3.3　烟密度参数

组别	数据				
	出现火焰时间	火焰熄灭时间	烧尽时间	光吸收率中最大	烟密度
样本 1					
样本 2					
样本 3					

实验四　应急管理与消防救援综合实验

一、实验目的

(1) 掌握检伤分类基本方法，合理对突发事件现场人员实施医疗救助；

(2) 掌握院前急救——人工心肺复苏术(Cardio Pulmonary Resuscitation，CPR)，熟悉现场心肺复苏的程序；

(3) 掌握基础生命支持的 CAB 三步骤的正确方法；

(4) 掌握海姆立克急救技术(Heimlich Maneuver)适应证、物品准备、操作要点、操作程序；

(5) 了解海姆立克急救技术的原理和常见并发症；

(6) 正确实施海姆立克急救技术，能口述海姆立克急救技术的注意事项。

二、实验仪器

检伤分类卡；KAF/CPR3S 型电脑心肺复苏模拟人及其用件(电脑显示器、220V 外接电源线、稳压器、操作床等)；海姆立克法成人训练背心。

三、实验方法

1. 检伤分类(Simple Triage and Rapid Treatment，START)

目前，国际通行的分类标志有红、黄、绿、黑 4 种颜色的标签，他们分别表示不同的伤病情况及获救轻重缓急的先后程序，详情见图 3.4.1。

国际检伤法四类标准

分类	伤情	预后	伤卡颜色	转送次序
一	严重伤员首先迅速现场急救后转送，如大出血休克、窒息、气道阻塞	可救活	红色	最先第一时间送到最近有条件进一步抢救的医院
二	重伤员：骨折、眼伤、非大血管出血	短时间内无生命危险	黄色	可在第二时间转送到稍远的医院
三	轻伤员可自行步行	无生命危险	绿色	最后转送
四	呼吸心跳停止	极少	黑色	

图 3.4.1　检伤分类标准

检伤分类流程具体如下：

第一步：行动检查。能自行行走(且不会造成二次伤害)的伤病员为轻患者，标绿色标记；不能行走者进行第二步检查。

第二步：呼吸检查。无呼吸者，需要开放气道，两次开放气道后仍无呼吸的标黑色标记，恢复呼吸者标红色标记；呼吸频率大于或等于 30 次/min 者为危重伤员，标红色标记；呼吸频率小于 30 次/min 者进行第三步检查。

第三步：循环检查。甲床毛细血管充盈时间大于或等于 2s，或检查不到桡动脉搏动的，为立即处理伤员，标红色标记；甲床毛细血管充盈时间小于 2s，或可触及桡动脉搏动的伤员，进行第四步检查。

第四步：意识程度。不能回答问题或执行简单指令者，标红色标记；能够正确回答问题和执行简单指令者，标黄色标记。

注意：用于每个伤员的检伤分类时间不超过 30s；遇有严重出血的伤员要立即控制出血；现场不做心肺复苏。

2. 心肺复苏(Cardio Pulmonary Resuscitation，CPR)

(1) 口对口人工呼吸法

这种方法大多用于抢救触电者。具体操作方法如下：

① 把伤员抬到通风良好的安全地点后，要以最快的速度和极短的时间检查一下伤员有无对光反射。摸摸有无脉搏跳动，听听有无心跳。用棉絮放在受伤者的鼻孔处观察有无呼吸，按一下指甲有无血液循环。同时还要检查有无外伤和骨折。

② 让伤员仰面平卧，头部尽量后仰，鼻朝天，解开腰带、领扣和衣服(必要时可用剪刀，不可强撕强扯)，并立即用保温毯盖好。

③ 撬开伤员的嘴，清除口腔内的脏东西。如果舌头后缩，应拉出舌头。以防堵塞喉咙，影响呼吸。

④ 救护的人跪在伤员一侧，一手捏紧他的鼻子，一手掰开他的嘴，如图 3.4.2 所示。

⑤ 救护者深吸一口气，然后紧贴伤员的嘴，大口吹气。并仔细观察伤员的胸部是否扩张，以确定吹气是否有效、适当，如图 3.4.3 所示。

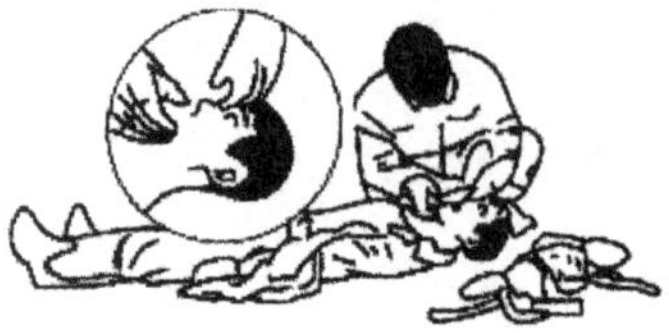

图 3.4.2　翘嘴示意图

(a)紧贴吹气　(b)放松呼吸

图 3.4.3　吹气呼吸法

⑥ 吹气完毕，立即离开伤员的嘴，并松开他的口鼻，让他自己呼气。

⑦ 依此反复操作，并保持一定节奏。每分钟均匀地做 14~16 次(约 5s 一次)，直到伤

员复苏，能够自己呼吸为止。

⑧ 归纳本法的反复操作：捏鼻张嘴，贴紧吹气，反复进行，直到复苏。

(2) 俯卧压背人工对吸法

这种方法多用于抢救溺水者。具体操作方法如下：

① 先将伤员放到安全通风地点，进行详细检查。如有肋骨骨折，不能采用此法。

② 使伤员背部朝上，头偏向一侧，既不使伤员的鼻子和嘴贴在地上，又便于口鼻内的黏液流出。在伤员的腹部放一个枕垫，伤员两臂向前伸展，用衣服把伤员的头稍稍抬起(或者一臂前伸，另一臂弯曲，使伤员的头枕在自己的臂上)，拉出他的舌头，清除口腔里的脏东西，防止阻塞喉咙，妨碍呼吸。

③ 操作者骑跨在伤员身上，双膝跪其腿两侧，两手放在下背两边，拇指指向脊柱，其余四指向背上方伸开，如图 3.4.4(a)所示。

④ 操作者两手撑住伤员的肋骨，身体向前倾，慢慢压迫其背部，以自身的重量压迫伤员的胸廓，使胸腔缩小，将肺部空气呼出，如图 3.4.4(b)所示。

⑤ 操作者身体抬起，两手松开，回到原来姿势，使伤员的胸廓自然扩张，肺部松开，吸入空气，如图 3.4.4(c)所示。

⑥ 这样反复进行 14~16 次，直到伤员复苏，能够自己呼吸为止。

操作时应注意：两手不能压得太重。以免压断伤员肋骨，动作要均匀而有规律。最好用自己的深呼吸做标准，呼气时压下去，吸气时松手抬身。

(a)准备压背　(b)压背排气　(c)送手放气

图 3.4.4　俯卧压背人工对吸法

(3) 仰卧举臂压胸人工呼吸法

这种方法用于有害气体中毒或窒息的人，以及有肋骨骨折的人。具体操作方法如下：

① 同口对口人工呼吸法一样，先详细检查伤员的受伤部位和受伤程度。

② 使伤员仰卧，胸部向上，躺平，头偏向一侧，上肢平放在身体两侧，腰背部垫一个低枕或用衣服及其他物垫平，使伤员的胸部抬高，肺部张开。撬开伤员的嘴，拉出舌头，清除口腔里的异物。

③ 操作者跪在伤员头部的两边，面向他的头部，两手握住小臂。把伤员的手臂上举放平，2s 后再屈其两臂用他自己的肘部在胸部压迫两肋约 2s，使伤员的胸廓受压后，把肺部的空气呼出来，如图 3.4.5(a)所示。

④ 把伤员的两臂向上拉直，使他的肺部张开，吸进空气，如图 3.4.5(b)所示。

⑤ 这样反复地均匀且有节律地进行，每分钟 14~16 次。也可用操作者自己的深呼吸作标准，呼气时压胸，吸气时举臂，直到伤员复苏，能够自己呼吸为止。

由于接受这种人工呼吸法的伤员大多是肋骨有损的，所以压胸时压力不可太重，动作不可过猛。

(a)屈背压胸　　(b)举背吸气

图 3.4.5　仰卧举臂压胸人工呼吸法

（4）心脏按压法

心脏按压法用于心跳不规则或已停止的伤员。如果发现伤员已经停止呼吸，或心跳也不规则或已停止，就要立即进行心脏按压。绝对不能为了反复寻找原因或惊慌失措而耽误时间。具体操作方法如下：

① 让伤员仰卧在板床上或地面上，把他的衣服和裤带全部解开。急救者站立或跪在伤员腰的两旁，一手中指对准凹膛，手掌贴胸平放，掌根放在伤员双侧乳头连线中点、剑突之上，另一手掌交叉重叠在该手背上保持两手掌根部平行，手指伸直或交叉，但不要接触胸壁，只用掌根部接触，如图 3.4.6(a)所示。

② 操作者借助自己的体重用力垂直向下按压伤员的胸廓，压陷深度 3~4cm，如图 3.4.6(b)所示。

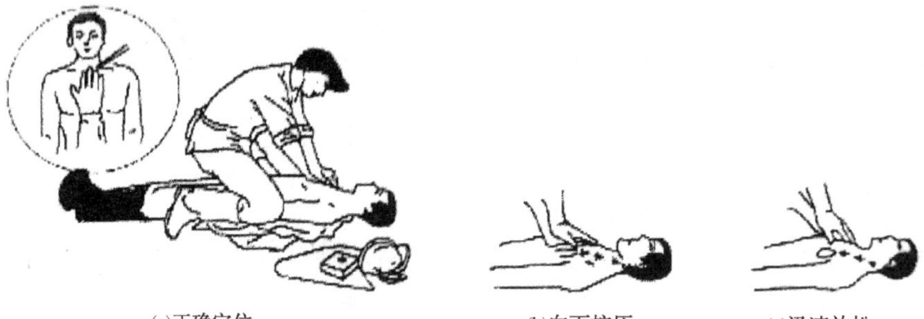

(a)正确定位　　(b)向下按压　　(c)迅速放松

图 3.4.6　心脏按压法

③ 按压后，突然放松，让胸廓自行弹起，这时掌根不可离开胸壁，以免再按压时呈拍击状而分散按压力量和损伤胸骨。

④ 反复有节律地进行按压和放松，每分钟 100~120 次，而且必须同时做人工呼吸（每压胸 30 次，吹气两次），直到伤员复苏为止。

操作时要特别注意掌根的定位必须准确，才能达到抢救的目的。如果定位不准，就会达不到预期效果。按压时，用力不宜太大，以防肋骨骨折或引起内脏损伤。

经过按压，如能摸到颈部总动脉和股动脉等大动脉搏动，而且血压上升，瞳孔逐渐恢复正常，口唇变红等，说明按压已有成效。急救必须坚持到最后，除非断定伤员确实已死亡，切不可中断抢救。同时，要立即拨打120急救电话，请求派医生前来配合抢救。

3. 海姆立克急救技术

海姆立克急救技术操作步骤及考核标准见表3.4.1。

表3.4.1　海姆立克急救技术操作步骤及考核标准

项目总分	项目内容	技术要求	分值
操作前准备（20分）	环境（5分）	评估周围环境是否安全	5
	患者评估（15分）	判断患者意识，了解患者能否说话和咳嗽	2
		观察有无海姆立克征象（“V”行手法）	2
		询问患者：“你被东西卡了吗?”，患者点头表示“是的”，即立刻施行“海姆立克”手法抢救	3
		如无法回答反应，应观察以下征象（口述）： a. 能否说话和呼吸或出现呼吸困难； b. 有无微弱、无力的咳嗽或完全没有咳嗽； c. 有无面色口唇青紫； d. 是否失去知觉（如失去知觉要立即判断是否需要心肺复苏）	 2 2 2 2
操作要点（70分）	立位腹部冲击法（20分）	• 站于患者背后，脚呈弓步状，前脚置于患者双脚间，两手臂环绕患者的腰部，让患者上半身前倾，头略低，张口； • 优势手握空心拳（大拇指和食指呈一水平面），拳眼顶住患者腹部正中线脐与剑突之间（脐上方两横指处）； • 另一手紧握优势手，快速向内、向上挤压患者的腹部； • 约每秒一次，直至异物被排出或患者失去反应； • 检查口腔，如异物已被冲出，迅速用手指从口腔一侧钩出； • 呼吸道异物取出后应及时检查呼吸心跳，如无，应立即行心肺复苏术	3 3 2 3 3 3
		若患者为即将临盆的孕妇或非常肥胖的人，施救者双手无法环抱腹部，则在胸骨下半段中央（CPR按压部位）垂直向内做胸部按压	3
	仰卧位腹部冲击法（16分）	• 患者平卧，抢救者面对患者，骑跨在患者的髋部； • 双手掌跟重叠，下面手掌跟置于腹部正中线脐上方两横指处； • 用身体重量，快速向下向前冲击患者的腹部； • 约每秒一次，直至异物被排出或患者失去反应； • 检查口腔，如异物已被冲出，迅速用手指从口腔一侧钩出； • 呼吸道异物取出后应及时检查呼吸心跳，如无，应立即行心肺复苏术	3 3 2 2 3 3

续表

项目总分	项目内容	技术要求	分值
操作要点（70分）	自救腹部冲击法（14分）	方法一：	
		•优势手握空心拳（大拇指和食指呈一水平面），拳眼顶住腹部正中线脐上方两横指处；	3
		•另一手紧握优势手，快速向内、向上挤压腹部；	3
		•约每秒一次，直至异物被排出。	2
		方法二：	
		•弯下腰，靠在一固定物体上（如桌子边缘、椅背、扶手、栏杆等），以物体边缘挤压上腹部，快速向上冲击。	4
		•约每秒一次，直至异物被排出	2
	儿童腹部冲击法（20分）	•儿童（1~8岁）实施要领与成人相同，力度根据患者情况酌减；	2
		•如果儿童身材小，成人施救时需要坐、跪在儿童身后	2
		婴儿（1岁以内）使用拍背压胸法：	
		•将婴儿俯卧于一侧手臂，依靠在操作者的大腿上；	2
		•大拇指和其余四指分别卡在下颌骨位置，固定头部使头略低并后仰：	3
		•另一手叩击婴儿背部两肩胛骨之间，每秒一次，拍打1~5次；	3
		•观察有无异物吐出，如果未吐出，翻转婴儿呈仰卧位，依靠在操作者的大腿上，下方手固定后颈部；	4
		•另一手两指快速、冲击性按压胸骨下半段，每秒一次，连续5次；	2
		•如果异物仍未吐出，反复拍背和压胸操作，直至异物吐出	2
操作后处理（4分）	卫生（4分）	•整理所用物品，并采用医疗垃圾分类处理； •洗手、消毒等	4
综合评价（6分）	熟练程度（3分）	程序正确，操作规范、熟练	3
	心理疏导（3分）	与患者沟通有效，解释正确合理，基本稳定患者情绪	3
总分			100

四、注意事项

1. 人工心肺复苏

（1）进行口对口人工呼吸时，必须垫上消毒棉纱，一人一片，以防交叉感染。

（2）操作者双手应清洁，女性请擦除口红及唇膏，以防弄脏面皮及胸皮。更不允许用圆珠笔或其他有色笔涂画。

（3）在急救现场进行人工呼吸时，一些伤员口紧闭，上下牙齿紧咬，无法进行口对口呼吸，可采用口对鼻吹气。而模拟人的口是张开的，如操作时需口对鼻吹气，必须用手将模拟人的口封住。

(4) 在急救现场进行口对口人工呼吸时，首先要清除伤员口内的污物，特别是中毒的伤员要防止自己受毒物污染。必要时可在伤员的口上垫上纱布。

(5) 在急救现场运用胸外心脏按压，可能产生危险，因为心脏是敏感的器官，倘若伤员仍有微弱的搏动，此时进行心脏按压，心脏反而会完全停止搏动，所以在操作前一定要先检查伤员的心脏是否已经停止搏动。断定伤者有无心跳最可靠的方法就是触摸伤者喉结两侧颈动脉处的有无搏动。探测手腕部的脉搏并不可靠。

(6) 现场急救应坚持进行，中断时间不能超过5s！但有下列情况之一，可以停止现场复苏：①自主呼吸心跳已有良好恢复；②已进行现场急救10~20min无效，伤员适合并有条件进行剖胸心肺复苏术时，应及时改做剖胸心肺复苏术；③有医生到场，确定伤员已经死亡；④抢救者筋疲力尽，无法继续抢救(被迫停止)。

(7) 确定伤员真正死亡的条件：①脑死亡，深度昏迷，对任何刺激无反应；自主呼吸停止；脑干反射全部或大部分消失，包括：瞳孔对光反射、角膜反射、吞咽反射和睫毛反射(脊髓反射除外)；②无心跳；③已做心肺复苏30min以上。同时具备上述三个条件，可认为伤员真正死亡，终止复苏。

2. *海姆立克法*

(1) 如果患者呼吸道部分梗阻，气体交换良好，可以咳嗽，无须使用海姆立克急救技术，应鼓励患者用力咳嗽，并自主呼吸，一次有力的咳嗽通常可以排出异物。

(2) 海姆立克急救技术虽然有一定的效果，但也可能带来一定的危害，尤其对老年人，因其胸腹部组织的弹性及顺应性差，故容易损伤，如腹部或胸腔内脏的破裂、撕裂及出血、肋骨骨折等。故发生呼吸道堵塞时，应首先采用其他方法排除异物，在其他方法无效且患者情况紧急时才能使用该法，需要注意控制好合适的力度。

(3) 1~3岁的婴幼儿气道异物阻塞发生率较高，一旦发生窒息，必须立即急救，几乎没有送医院急救的机会。

(4) 切忌将婴儿双脚抓起倒吊拍打背部，这样做会增加婴儿颈椎受伤的危险。

(5) 腹部冲击，定位要准确，每次冲击要有明显的间隔；冲击时要注意防止胃反流所导致的误吸。

(6) 不要给一个只是部分气道阻塞的人击背，这样可能让阻塞物进入更深。

(7) 婴幼儿进食时，应避免哭闹、嬉笑，看护人不要惊吓或打骂孩子，防止食物吸入气道。教育儿童避免把塑料笔帽、小块玩具等小物件放入口和鼻中玩耍，以免误吸入气道。向家属宣传气道异物阻塞的危害性及易发原因。3岁以内儿童食物(如：果冻、豆类、糖果、药丸、药片等)应尽可能捣碎，勿食带壳的食物，如瓜子、花生、豆类、桂圆等。

五、实验数据记录

CPR 实验数据见表 3.4.2。

表 3.4.2　CPR 实验数据

吹气正确	吹起错误	按压正确	按压错误	操作计时

海姆立克急救技术实验瓶评分见表 3.4.3。

表 3.4.3　海姆立克急救技术实验瓶评分

操作前准备	操作要点	操作后处理	综合评价	总分

实验五　民用建筑安全管理综合实验

一、实验目的

（1）掌握民用建筑防火检查的方法；

（2）熟悉突发事件时，突发事件建筑内部应急疏散程序。

二、实验原理

根据 GB 50016—2014《建筑设计防火规范》、GB 50222—2017《建筑内部装修设计防火规范》、GB 50140—2005《建筑灭火器配置设计规范》、GB 50084—2017《自动喷水灭火系统设计规范》、GB 50116—2013《火灾自动报警系统设计规范》等消防技术规范对给定的民用建筑实施防火检查。

三、实验方法与步骤

分组对给定的建筑进行防火检查，要求按如下方法进行检查：

（1）全面了解建筑基本情况。

（2）检查防火间距、防火分区是否符合规范规定。

（3）检查安全疏散是否符合规范规定，疏散指示和应急照明等辅助疏散设施是否完好。

（4）检查建筑内部装修是否符合规范规定。

（5）对室内外消火栓系统等灭火设施的组件外观进行检查，对系统功能进行测试。

（6）对防排烟系统的组件进行外观检查，对系统功能进行测试。

（7）对火灾报警系统探测器布置情况进行检查，判断是不是探测器保护的盲点，对组件外观进行检查，并对报警和各种控制功能进行测试。

（8）对电气线路和电气设备进行检查，是否存在隐患。

（9）对建筑物内使用燃料进行明火作业的场所进行重点检查，了解燃料供给的形式及存储情况。

（10）从学科楼 3~7 楼中，任选一层测算应急疏散时间(到一楼安全位置)，并做出最优应急疏散路线简述，提出优化建议措施。

四、实验结果与讨论

数据至少十种且不能重复，如灭火器一种、烟雾报警一种等。基础消防设施数据见表 3. 5. 1,学科楼应急疏散实验见表 3. 5. 2。

表 3.5.1　基础消防设施数据

编号	时间	地点	器材或设施	类型	适用范围
1	2023.11.12	学科楼 320 走廊	干粉灭火器	手提式	A、B、C 类及带电物质火灾

表 3.5.2　学科楼应急疏散实验

序号	楼层	应急疏散起点	安全集结点	应急疏散时间

实验六　火灾事故应急管理综合实验

一、实验目的

(1) 通过模拟火灾事故，提升参与人员的应急反应速度和处理能力；

(2) 熟悉化工企业在火灾事故中的应急救援流程和操作规范，确保各环节协调配合；

(3) 增强学生的安全意识和防范能力，降低事故发生的可能性；

(4) 通过实际演练，检验现有应急预案的可行性和有效性，为后续改进提供依据。

二、实验原理

(1) 火灾发生机制：理解火灾的发生原因，特别是化工企业中易燃易爆物质的特性及其对火灾的影响。

(2) 应急救援理论：掌握应急救援的基本理论，包括火灾现场的评估、应急指挥及救援行动的组织。

(3) 消防器材使用：熟悉各类消防器材(如消防水炮、泡沫灭火系统、空气呼吸器等)的使用方法及适用场景。

(4) 人体急救知识：学习和掌握常见中毒和受伤情况下的急救措施，确保受伤人员能够及时获得救治。

(5) 环境监测与评估：理解在火灾事故中有毒气体的扩散特性，掌握相关监测方法，为环境安全提供数据支持。

三、实验方法与步骤

1. 事故假设

7月22日，高温季节，气温32℃，天气晴，南风2级。罐区北面的苯乙烯储罐(V-1901B)原料进口管线发生泄漏(接驳消防水带固定在罐壁旁，以水流模拟泄漏)，并被引燃(不明原因)，因储罐液位低，储罐内的苯乙烯被引燃。抢险过程中(9：50)，有人因吸入过多苯乙烯气体，在罐区外爬梯附近中毒晕倒。

2. 事故的发现及处置

(1) 原料岗操作人员9：30巡查发现V-1901B发生原料泄漏火灾事故，立即用对讲机向班长汇报情况，请求支援，同时确认罐区排雨阀、排污阀处于关闭状态(2min内完成)。

(2) 当班班长9：31接到报警，立即鸣响事故警报，马上就地组成应急抢险小组，主操按下SIS系统“AB”按钮，紧急切断储罐进出管线阀门，在5min内完成以下工作安排：

① 9：32 派两名成员佩戴空气呼吸器，穿防化服，做好个体防护，立即关闭 V-1901B 储罐底部物料进出管线紧急切断阀的东面端阀、循环管线阀门等，切断、隔离着火罐。

同时安排两名成员穿消防隔热服，戴防毒口罩，接驳附近消防栓，利用消防水炮喷射雾化水形成水雾掩护入罐区人员操作，双人配合，避免将高压水带甩伤，4min 内完成任务并向班长报告(待指挥部研究后，决定是否打通 V-1901B 倒料至 V-1901A 的循环管线阀门，启动循环泵倒料)。

② 9：33 安排人员启动消防泵，确认泡沫液储罐进出口阀处于全开，电动阀处于全关状态，并在泵房待命，随时准备接指令后打开电动阀，启动泡沫系统灭火。

打开 V-1901B 储罐喷淋阀门、V-1901A 储罐南面的喷淋阀门，启动喷淋系统冷却罐体；打开消防水池补水阀，启动罐区周边消防炮向着火罐及相邻的储罐喷射水，冷却罐体(注意根据水炮的数量控制消防泵出口压力)。

③ 9：33 报告生产部长、安全总监，生产部长现场评估后报告总经理；通知保运班组泄漏情况(泄漏部位、量等)，及时用防爆工具堵漏。

(3) 生产部长 9：33 接到报警，要求 5min 内赶到现场了解情况及班长所做的安排，并作为指挥部的现场联系指挥，指挥现场救援工作。

查阅分析生产记录，根据现场情况进一步核查落实生产处置。

安全总监及安环部长立即赶赴现场，了解情况，根据现场情况评估事故并组织实施应急预案，现场指挥灭火、堵漏及排污工作，并及时向指挥部报告事故情况及处理过程。

9：45 安排班组人员做好个人防护，打开罐区南面的排污阀(如事故水量较大，排放缓慢，打开罐区西北面的排污阀)，使事故水流入污水池(应急池)，同时开启污水处理系统处理污水。

安全员收到警报，立即现场确认厂区排雨总阀处于关闭状态并报告指挥部。

(4) 指挥部成员听到警报后，3min 内赶到成品 A 库南门组成应急救援指挥部。指挥部及时掌握事故情况，经分析，认为火势较大，需外部力量支援，启动一级响应(需厂外力量支援)。9：35，总指挥安排人员(安环部人员)向区安监、环保、应急基地等报告(电话见附件)，并将事故及防范措施通知周边企业单位。

综合信息组组长负责核对人员到达情况，未到达的，要及时通知(要求 3min 内完成)。

(5) 应急技术组成员：到达现场，认真了解事故情况，研判事故风险级别、分析事故原因、制定抢险技术方案，各专业技术人员为指挥部制订抢险方案提供合理正确的依据或建议。

(6) 各组长、副组长(应急救灾及抢修组直赴现场)听到警报后，立即赶赴指挥部报到，根据指挥部的统一部署，有组织地实施应急救援处置。

(7) 其他成员：供销部、财务部、综合部人员按公司预案规定的小组职责，由本部门主管安排，分头落实救援任务。证券部人员及待命人员统一到生产部(集合点)待命。

（8）应急救灾组、抢修组根据现场情况落实事故防范措施，做好紧急停车、储罐隔离冷却、监控储罐参数、装置及加热炉运行状态、污水池液位等应急处置。现场消防灭火、工艺应急处置、伤员急救等情况应及时向指挥员报告，指挥员根据情况调动抢险力量。

保运班组穿戴护目镜和防毒口罩或防毒面罩、雨衣、雨鞋等，利用防爆工具、木塞等进行堵漏。

泄漏物回收、洗消：事故水经污水收集管流入污水池（应急池），静置使油水分离，含苯乙烯浮油回收至 V-1106 罐，并联系某公司处置，剩余污水处理达标后排至某水厂。

（9）次生灾情：9：50 抢险过程中，有 1 人因吸入过多苯乙烯气体，在罐区外爬梯附近中毒晕倒。

① 综合信息组人员立即打急救电话。

② 包装班长、叉车司机、班组人员（4 人）将受伤人员救出并抬送到最近安全地点（此时伤员心肺功能已停止），马上对伤员进行人工心肺功能复苏抢救。

（10）环境监测人员听到报警，要求 3min 内赶到现场了解情况并根据指挥人员的安排，及时到厂外距着火点下风向 200m 处监测有毒气体的扩散情况（要求 8min 内向指挥部报告第一组数据，如有需要，根据指挥部指令继续监测、报告）。

（11）后勤警戒保卫组组长听到警报后，立即通知组员实施现场管制：

① 禁止无关车辆和人员进入厂区，严禁烟火，并在厂大门与成品 A 库间设警戒线，封锁往西、北面区域通道，除消防车外，无关车辆不得进入该区域（要求 5min 内完成并向指挥部报告）。

② 销售经理安排人员打开厂东北面的应急门，紧急疏散运输人员和车辆。

③ 安排财务人员 1 人接应救护车，协助及时转移伤员；采购人员保障后勤物资供应。

（12）综合信息组人员接警后根据指挥部安排马上到现场了解情况，按指挥部指令，第一时间通知邻厂事故信息，并及时与化验人员联系了解监测数据，向政府部门汇报事故信息。

在人事经理的组织指挥下，做好如下工作：

① 负责没有对讲机的各小组之间及其与指挥部之间的联络，传达指挥部指令和反馈各小组信息。

② 向区安监局、环保、应急基地等报告事故情况。

③ 向可能受影响区域的周边单位通报有关信息。

（13）对外协调：在外来救援队伍到达后，公司指挥部说明灾情、采取的措施和建议，充分沟通后，将灭火指挥权移交给政府部门成立的应急指挥部，共同采取救援措施。

（14）灾情扩大：因火势失控。在外来救援队伍到达后，公司指挥部说明了灾情、采取的措施和建议，充分沟通后，将指挥权移交给政府部门成立的应急指挥部。

（15）政府应急指挥部及时制定灭火方案，调集各方面力量救援。公司配合开展各项救援工作。事故得到控制后，指挥部经充分论证，物料收集完毕，洗消完成，指示通信联络组对外发布危险解除信息，通知周边单位恢复正常秩序，向各小组发出演练结束指令。

(16) 各小组长清点人数，安排清理现场。

抢险人员外装受污染的，在2号生产线东面的洗消点进行洗消。

四、实验结果与讨论

涉及的应急救援技能及措施如表3.6.1所示(该表不得打印，需自行手工绘制)

表3.6.1　应急救援技能及措施

序号	技能/措施	情景参考来源	采取措施的原因
示例	正压式空气呼吸器穿戴(涉及综合实验中的急救技能措施)	9：32派两名成员佩戴空气呼吸器，穿防化服，做好个体防护，立即关闭V-1901B储罐底部物料进出管线紧急切断阀的东面端阀、循环管线阀门等，切断、隔离着火罐(直接来源情景信息，可简要阐述)	苯乙烯发生泄漏，其具有急性毒性(自行参考实验原理、化学品理化性质等)
1			
2			
3			

五、事故复盘

包括但不限于危险源评估、个体烟气下存活时间、个体反应总时间、应急救援方案、应急疏散方案、火灾事故启示、火灾热辐射计算、爆炸伤亡半径计算等。